Anouar Dekaki

Impact d'un compost vert sur le sol

Anouar Dekaki

Impact d'un compost vert sur le sol

Effet sur l'activité et la diversité de la microflore tellurique

Presses Académiques Francophones

Impressum / Mentions légales

Bibliografische Information der Deutschen Nationalbibliothek: Die Deutsche Nationalbibliothek verzeichnet diese Publikation in der Deutschen Nationalbibliografie; detaillierte bibliografische Daten sind im Internet über http://dnb.d-nb.de abrufbar.

Alle in diesem Buch genannten Marken und Produktnamen unterliegen warenzeichen-, marken- oder patentrechtlichem Schutz bzw. sind Warenzeichen oder eingetragene Warenzeichen der jeweiligen Inhaber. Die Wiedergabe von Marken, Produktnamen, Gebrauchsnamen, Handelsnamen, Warenbezeichnungen u.s.w. in diesem Werk berechtigt auch ohne besondere Kennzeichnung nicht zu der Annahme, dass solche Namen im Sinne der Warenzeichen- und Markenschutzgesetzgebung als frei zu betrachten wären und daher von jedermann benutzt werden dürften.

Information bibliographique publiée par la Deutsche Nationalbibliothek: La Deutsche Nationalbibliothek inscrit cette publication à la Deutsche Nationalbibliografie; des données bibliographiques détaillées sont disponibles sur internet à l'adresse http://dnb.d-nb.de.

Toutes marques et noms de produits mentionnés dans ce livre demeurent sous la protection des marques, des marques déposées et des brevets, et sont des marques ou des marques déposées de leurs détenteurs respectifs. L'utilisation des marques, noms de produits, noms communs, noms commerciaux, descriptions de produits, etc, même sans qu'ils soient mentionnés de façon particulière dans ce livre ne signifie en aucune façon que ces noms peuvent être utilisés sans restriction à l'égard de la législation pour la protection des marques et des marques déposées et pourraient donc être utilisés par quiconque.

Coverbild / Photo de couverture: www.ingimage.com

Verlag / Editeur:
Presses Académiques Francophones
ist ein Imprint der / est une marque déposée de
OmniScriptum GmbH & Co. KG
Heinrich-Böcking-Str. 6-8, 66121 Saarbrücken, Deutschland / Allemagne
Email: info@presses-academiques.com

Herstellung: siehe letzte Seite /
Impression: voir la dernière page
ISBN: 978-3-8381-4291-3

Copyright / Droit d'auteur © 2014 OmniScriptum GmbH & Co. KG
Alle Rechte vorbehalten. / Tous droits réservés. Saarbrücken 2014

A tous ceux que j'aime

A Ahmad-Jamal

A Tasnim

ℰℴℛ

Remerciements

Je voudrais exprimer tout mon amour et ma reconnaissance à mes chers parents pour leur soutien et leur encouragement lors de la réalisation de ce travail.

Je tiens aussi à exprimer toute ma reconnaissance et mes remerciements à Madame Corinne Rouland-Lefèvre, Directeur de recherches à l'IRD, qui a accepté de diriger cette thèse et qui m'a toujours témoigné de sa confiance tout au long de ce projet.

Un grand merci aux membres de jury : Monsieur Philippe Mora, Monsieur Abdelkarim Filali-Maltouf, Monsieur Marc Labat, Monsieur Philippe Pellé, qui m'ont fait l'Honneur de juger ce travail.

Une pensée toute particulière pour mon épouse Jamila. Merci pour ta patience et ton soutien qui m'ont beaucoup aidé pour avancer dans mes travaux.

Enfin, un grand merci à tous les membres de ma famille et mes proches, qui, par leurs soutiens et encouragements m'ont aidé à réaliser ce projet. Et particulièrement, merci à Sabah, Mounia, Rajae, Soumia, Siham, Abdel Mounaim, Jamal et Hicham.

Sommaire

Résumé 7
Summary 8
Introduction 9
Analyse Bibliographique 11
   I.   Le compostage 12
       1.   Un peu d'histoire 12
       2.   Quelques définitions 12
       3.   L'intérêt du compostage 13
       4.   Les phases du compostage (figure 1) 14
       5.   Les paramètres du compostage 15
       6.   Les principales techniques de compostage 17
       7.   Les différents types de compost 18
   II.   Evolution des principales caractéristiques du compost au cours du compostage 20
       1.   La teneur en eau 20
       2.   Le carbone organique 20
       3.   L'azote 21
       4.   Le rapport C/N 21
       5.   Le pH 21
       6.   La capacité d'échange cationique (CEC) 22
   III.   Evolution de la matière organique des composts au cours du compostage 22
       1.   Stabilisation de la matière organique 22
       2.   Evolution de la composition biochimique de la matière organique 23
   IV.   Notion de maturité des composts 23
       1.   Stabilité biologique de la matière organique du compost 24
       2.   Suivi du rapport d'humification (CAH/CAF) 25
       3.   L'évolution de certaines caractéristiques physico-chimiques classiques 25
       4.   Autres critères de la maturité d'un compost 26
   V.   Effet du compost sur la croissance végétale 27
   VI.   Le compostage en France : conditions réglementaires de l'utilisation des composts en agriculture 27
Matériel et méthodes 29

- I. Matériel utilisé 30
  - 1. Le compost 30
  - 2. Le sol 33
- II. Effet de l'ajout du compost sur le développement de deux plantes 34
  - 1. Dispositif expérimental 34
  - 2. Mesure de la croissance des plantes 35
- III. Effet de l'ajout du compost sur l'activité et la diversité de la microflore tellurique . 35
  - 1. Calibrage et étude de la stabilité du sol en microcosme 35
  - 2. Dispositif expérimental 35
  - 3. Prélèvements 36
- IV. Etude des communautés microbiennes 37
  - 1. Analyse de la microflore cultivable 37
  - 2. Etude de la structure génétique des communautés microbiennes 39
- V. Dosage des activités enzymatiques 43
  - 1. Dosage des phosphatases 43
  - 2. Dosage des polysaccharidases 44
  - 3. Dosage des hétérosidases 45
  - 4. Dosage des activités uréases 45
  - 5. Dosage des arylsulfatases 45
- VI. Analyse statistique 46

Résultats et discussions 47

Chapitre 1 :

Effet de l'ajout du compost sur le développement de deux plantes 48
- I. Effet de l'ajout du compost sur la croissance végétale de la véronique de perse et d'une variété de blé tendre 49
  - 1. Introduction 49
  - 2. Résultats 49
  - 3. Effet sur la croissance de la Véronique de Perse 49
  - 4. Effet sur la croissance du blé 51
  - 5. Discussion 52

Chapitre 2 :

Evolution des communautés microbiennes au cours du processus de maturation du compost 53
- I. Evolution du pH et du taux d'humidité dans le compost au cours du temps 54
  - 1. Le pH 54

    2.   L'humidité relative 55
II.   Evolution de la densité et de la diversité microbiennes au cours du processus du compostage 55
    3.   Numération des communautés microbienne 55
    4.   Etude de la diversité fongique et évolution fonctionnelle au cours de la maturation 58
    5.   Etude de la diversité actinomycétale et évolution fonctionnelle au cours de la maturation 65
    6.   Evolution de la structure génétique des communautés bactriennes au cours de la maturation du compost 68
    7.   Discussion 71

Chapitre 3 :
Impact de l'ajout du compost sur l'activité et la diversité de la microflore tellurique 74
    I.   Comparaison des propriétés physicochimiques et biologiques des deux sols étudiés .. 75
        1.   Propriétés physico-chimiques 75
        2.   Caractéristiques biologiques 75
    II.   Evolution de la microflore tellurique en présence de compost 77
        1.   Numération bactérienne 78
        2.   Numération fongique 79
    III.   Effet de l'ajout du compost sur la diversité fonctionnelle de la microflore tellurique 80
        1.   Cycle du carbone 80
        2.   Cycle du phosphore 82
        3.   Cycle de l'azote 83
        4.   Cycle du soufre 85
    IV.   Comparaison des potentialités fonctionnelles des sols B et F avec ou sans compost 85
    V.   Diversité de la microflore fongique cultivable après l'ajout du compost 87
        1.   Diversité morphotypique de la flore cultivable 87
        2.   Diversité métabolique des morphotypes 89
    VI.   Diversité de la microflore bactérienne 91
        1.   Extraction et amplification d'ADN 91
        2.   DGGE des expérimentations avec le sol B 91
        3.   DGGE des expérimentations avec le sol F 93

VII.	Discussion	95
	1. Evolution de la microflore tellurique en présence de compost	95
	2. Effet de l'ajout du compost sur l'activité biologique du sol	95
	3. Effet de l'ajout du compost sur la diversité de la microflore	98

Conclusions et perspectives 99
    I. Conclusions générales 100
    II. Perspectives 102

Liste des figures 103

Liste des tableaux 104

Liste des photos & schéma 105

Bibliographie 106

Liste des annexes 121

Résumé

Le compostage est une technique de valorisation des déchets organiques en un produit stable et riche en matières humiques. Certains composts « verts » se sont révélés être de 2 à 3 fois plus efficaces sur la croissance des plantes que les composts classiques. Notre étude réalisée sur un compost fabriqué à partir de déchets végétaux a permis de suivre l'évolution de la densité et de la diversité de la microflore (bactéries, champignons) au cours du processus de maturation puis de tester l'impact de ce compost sur la diversité et l'activité de la microflore tellurique. Cette analyse a été effectuée par des techniques complémentaires : biochimiques (dosages enzymatiques), microbiologiques (cultures *in vitro*) et de biologie moléculaire (PCR-DGGE, Séquençage).

Les résultats montrent qu'au cours de sa maturation, le compost étudié présente une baisse significative de son taux d'humidité et une augmentation sensible de son pH. Sa microflore subit une complète restructuration avec apparition de souches bactériennes susceptibles de dégrader des composés polluants comme les plastiques, les pesticides et les hydrocarbures. L'ajout de ce compost à deux types de sol présentant des propriétés physico-chimiques différentes, n'a pas montré de modifications importantes et durables de la diversité microbienne et fonctionnelle de celui-ci. Les causes de l'effet remarquable de ce compost sur la croissance végétale sont discutées.

Mots clés : Compost vert, sol, MPN, extraction d'ADN, PCR, DGGE, dosages enzymatique.

Summary

Composting is a technique of transformation organic waste in a stable product rich in organic materials. Some "green" compost proved to be from 2 to 3 times more benefit on the growth of the plants than traditional composts.

The main of this study is to follow the evolution of density and diversity of the microflora (bacteria, fungi) during the process of maturation of green compost manufactured from vegetable wastes, and to investigate the impact of this compost on the diversity and the activity of the telluric microflora. This analysis was carried out by complementary techniques: biochemical (enzymatic activity), microbiological (*in vitro cultures*) and molecular biology (PCR-DGGE, DNA sequencing).

The results show that during its maturation, the studied compost presents a significant decrease of its water content and an appreciable increase in its pH. The microflora undergoes a complete reorganization with appearance of bacterial strain suitable for degrade polluting compounds like the plastics, the pesticides and hydrocarbons. The addition of this compost with two types of soil presenting of the different physicochemical properties, did not show significant and durable modifications of the microbial and functional diversity of this one. The causes of the remarkable effect of this compost on the vegetable growth are discussed.

Key words: Green compost, soil, MPN, extraction of ADN, PCR, DGGE, enzymatic activity.

Introduction

Le sol est un des compartiments essentiels de l'écosystème, c'est la couche la plus superficielle de l'écorce terrestre à l'interface entre géosphère, biosphère et atmosphère. Il contient des constituants minéraux venant de l'altération de la roche mère, des constituants organiques venus de la décomposition d'êtres vivants et des constituants gazeux circulant dans ses interstices.

Par ses caractéristiques physiques, chimiques et biologiques il agit comme contrôleur et révélateur de nombreux processus intervenant dans le fonctionnement de l'écosystème : « Soils should be the best overall reflection of ecosystem processes. » (Paul and Ladd, 1981). De plus, le rôle du sol est fondamental dans la production primaire puisqu'il fournit aux végétaux chlorophylliens, les ions minéraux dont ils ont besoin. Par conséquent, les sols doivent être gérés de façon durable car ils ne se régénèrent pas rapidement.

Le problème de l'appauvrissement des sols par l'intensification des cultures et par l'abus d'utilisation de fertilisant est aujourd'hui un des problèmes majeur en écologie car cela peut conduire à terme à l'appauvrissement et la destruction de cette ressource.

Par ailleurs, ces dernières décennies, en raison de l'importante croissance démographique et du développement économique, l'homme est plus que jamais confronté au problème d'accumulation de ses déchets. La recherche de nouvelles techniques d'élimination et de recyclage des déchets est donc indispensable. Le compostage est devenu l'une des pratiques les plus répandues de nos jours. C'est un procédé de traitement intensif des déchets organiques qui met en œuvre, en les optimisant, des processus biologiques aérobies de dégradation et de stabilisation des matières organiques complexes (Gobat et al., 1998 ; Castaldi et al., 2007). C'est aussi une technique très avantageuse par son faible coût et son impact mesuré sur l'environnement (Veeken and Hamelers, 2002).

L'action bénéfique du compost sur la productivité des plantes a été largement démontrée (Lee et al., 2004). Cet effet est dû d'une part à l'amélioration des qualités physiques (structure, porosité) et chimiques (teneur en azote, en carbone et en oligoéléments) des sols (Esse et al., 2001 ; Castaldi et al., 2004) d'autre part à la présence dans ces composts d'une microflore abondante et diversifiée (Gomez et al., 2006). Les microorganismes des composts peuvent agir soit directement sur la minéralisation de la matière organique soit en orientant l'activité de la microflore tellurique (Mannix, 2001). Dans certains composts, en particulier les composts réalisés à partir de déchets végétaux exclusivement, une microflore particulière capable de protéger efficacement les plantes contre certaines maladies virales ou fongiques a été mise en évidence, le compost est dit alors suppressif (Fuchs, 2003). Les microorganismes des composts peuvent aussi produire, dans certaines conditions, des vitamines de croissance pour les plantes (Emmerling et al., 2002).

Au cours de cette thèse, nous nous sommes intéressés à un compost vert fourni par la société Vert Compost qui présentent ces particularités afin d'essayer de déterminer avec précision l'origine de ses propriétés bénéfiques pour la plante.

Les résultats présentés dans ce mémoire sont organisés en 5 parties. Une revue bibliographique nous permet tout d'abord de faire le point sur les connaissances dans le domaine des composts. Cette partie est suivie d'un chapitre qui décrit l'ensemble des techniques utilisées au cours de ce travail. La partie suivante du mémoire est divisée en 3 grands chapitres qui exposent les résultats obtenus. L'action du compost sur la croissance de deux espèces de plantes est rapidement évoquée puis est exposée l'évolution de la densité et de la diversité microbienne fonctionnelle du compost vert au cours de sa maturation. L'impact de l'ajout de ce compost sur la diversité et l'activité de la microflore tellurique est ensuite détaillé.

Ce travail, soutenu financièrement par la société Vert Compost, a été réalisé au Laboratoire d'Ecologie des Sols Tropicaux (LEST) à l'Institut de Recherche pour le Développement (IRD) centre d'île de France.

Analyse Bibliographique

I. Le compostage

Au cours de ces dernières décennies, face à une grande croissance démographique et économique, l'homme est plus que jamais confronté au problème d'accumulation de ses déchets. L'innovation de nouvelles techniques d'élimination et de recyclage de ces déchets est devenue nécessaire. **Le compostage** est devenu l'une des pratiques les plus répandues ces dernières années.

1. Un peu d'histoire

Le compostage est une pratique ancestrale, étymologiquement, le mot compost est un dérivé du mot latin «compositus » qui signifie composé. Il implique l'idée de mélange et de diversité.
A l'époque romaine, ce terme désignait différentes recettes alimentaires à base végétale, richement assaisonnées d'herbes et de condiments variés. Aujourd'hui, dans le langage propre à l'écologie, l'agriculture et la mise en valeur des déchets, compost signifie : mélange de différents déchets végétaux et animaux mis à fermenter en vue de leur restitution à la terre pour l'amender, la fertiliser, la régénérer, la restructurer, la conserver. (Martin, 1994)

2. Quelques définitions

Il existe plusieurs définitions assez voisines du compostage :
C'est un processus contrôlé de dégradation des constituants organiques d'origine végétale ou animale, par une succession de communautés microbiennes évoluant en conditions aérobies, entraînant une montée en température, et conduisant à l'élaboration d'une matière organique humifiée et stabilisée. Le produit ainsi obtenu est appelé compost. (Kaiser, 1981 ; Leclerc, 2001)
C'est un procédé biologique de conversion et de valorisation des matières organiques (sous-produits de la biomasse, déchets organiques d'origines biologique…) en un produit stabilisé, hygiénique, semblable à un terreau, riche en composés humiques : **le compost** (Mustin, 1987).

Selon Gobat (1998), le compostage est une imitation accélérée de la dégradation naturelle de déchets organiques qui met en œuvre, en les optimisant des processus biologiques aérobie de dégradation et de stabilisation des matières organiques complexes.

Scientifiquement, le compostage est un processus de décomposition et de synthèse. Il est souvent défini comme une bio-oxydation des matières organiques présentes, provoquée par des micro-organismes indigènes en conditions contrôlées. En effet, dès que les conditions physico-chimiques (aération, humidité, température) le permettent, les micro-organismes constituent une flore complexe (bactéries, levures, champignons, etc.), qui se met en activité rapidement. Cette activité se traduit par une dégradation microbienne aérobie de la matière organique solide générant une chaleur intense responsable de la phase thermophile (élévation de la température des déchets à 70°C en moyenne) (Mustin, 1987).

La montée de la température et la compétition microbienne permettent une hygiénisation du produit composté par une destruction des micro-organismes pathogènes et exercent une sélection sur la diversité microbiologique du compostage (de Bertoldi et al, 1983 ; Mustin, 1987).

3. L'intérêt du compostage

Le compostage permet de transformer un matériau en fin de vie, le déchet, en un produit utilisable, le compost. L'intérêt premier d'un compost est d'être un amendement organique permettant d'améliorer la fertilité des sols.

Par rapport à des déchets non compostés le compostage présente un certain nombre d'autres avantages :

- Le compostage permet de réduire les masses et les volumes d'environ 50% par rapport aux déchets initiaux. Ces réductions sont dues à la minéralisation des composés organiques, à la perte d'eau et à la modification de la porosité du milieu (Das & Keener, 1997; Eklind & Kirchmann, 2000a).
- La perte en matière organique entraîne une concentration des éléments minéraux au sein du compost (Kirchmann & Widen, 1994).
- L'augmentation de la température permet la destruction des agents pathogènes (Stentiford, 1996; Sidhu *et al.*, 1999).

- L'action combinée de l'élévation de température et de la libération d'agents inhibiteurs permet la destruction de graines d'adventices (Leclerc, 2001).

4. Les phases du compostage (figure 1)

Le compostage est accompagné de production de chaleur. Il est largement admis depuis longtemps que la chaleur générée au sein du compost est essentiellement d'origine biologique, c'est à dire due à l'activité microbienne (Waksman *et al.*, 1939). Des oxydations chimiques exothermiques peuvent également prendre part à l'échauffement du compost. L'évolution schématique de la température au sein du compost permet de définir quatre phases au cours du compostage.

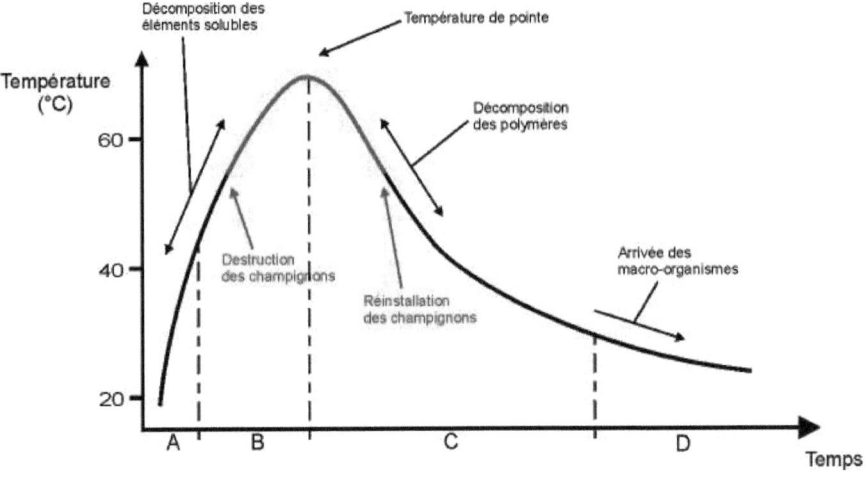

Source : www.compostage.info

Figure 1 : Les quatre phases du compostage

A- La phase mésophile est la phase initiale du compostage. Durant les premiers jours de compostage, la présence de matières organiques facilement biodégradables entraîne une forte activité microbienne (bactéries et champignons) générant une forte production de chaleur et une montée rapide de la température au cœur du compost.

B- Très vite la température atteint des valeurs de 60°C voire 75°C. Cette phase est appelée **phase thermophile** car seuls les micro-organismes thermorésistants (essentiellement des bactéries) peuvent survivre à ces hautes températures. Au cours de cette phase, une part importante de matière organique est perdue sous forme de CO_2, et un assèchement du compost lié à l'évaporation de l'eau est souvent observé.

C- A la phase thermophile succède la **phase de refroidissement**. La diminution de la quantité de matières organiques facilement dégradables provoque un ralentissement de l'activité microbienne. La chaleur générée par la dégradation microbienne est alors inférieure aux pertes dues aux échanges surfaciques et à l'évaporation, entraînant un refroidissement du compost. Cette phase de refroidissement peut être très progressive ou au contraire très rapide en fonction des conditions climatiques ou de la taille du tas de compost par exemple. Au cours de cette phase, des micro-organismes mésophiles colonisent à nouveau le compost.

D- Au cours de la dernière phase appelée **phase de maturation**, les processus d'humification prédominent, ainsi que la dégradation lente des composés résistants. Cette phase de maturation dure jusqu'à l'utilisation des composts.

5. Les paramètres du compostage

Lors du compostage, la décomposition des matières organiques s'effectue comme dans les sols, suivant des chaines de transformation naturelle. Les principaux paramètres du compostage sont ceux qui influencent les conditions de vie des microorganismes, ces paramètres agissent simultanément, ce sont : *le taux d'oxygène lacunaire, l'humidité, la température et les caractères physico-chimiques des matériaux mis en compostage.* La qualité du compost final dépend de l'interaction entre ces quatre paramètres.

a. *Le taux d'oxygène lacunaire*

Il est défini comme le pourcentage d'oxygène dans l'air de l'espace lacunaire dans un tas de compost, il dépend de la granulométrie et la forme des particules organique ainsi que de la quantité d'eau présente. Ce taux d'oxygène est essentiel pour le métabolisme des microorganismes aérobies. La vitesse du compostage dépend de la vitesse de transfert d'oxygène des lacunes vers les microorganismes.

b. *L'humidité ou la teneur en eau du substrat*

L'eau est nécessaire à la vie des êtres vivants qui interviennent dans le compostage. Une teneur minimale est donc requise pour assurer leurs besoins en eau. Une bonne humidité est primordiale pour que l'activité des microorganismes soit plus importante, ce qui accélère le processus de compostage.

Le taux optimal d'humidité pour un substrat donné est déterminé par le taux maximal d'espace lacunaire qui n'entraine pas d'inhibition de l'activité des microorganismes (Mustin, 1987).

c. *La température*

Ce facteur est un paramètre majeur du compostage, les microorganismes produisent de la chaleur en oxydant la matière organique des substrats. La température varie en fonction de la composition des déchets et de la nature des échanges thermiques, les substrats riches en graisses dégagent d'avantage de chaleur par unité de masse que les autres composés organiques.

L'énergie libérée sous forme de chaleur est à l'origine de l'élévation thermique des masses en compostage, de la destruction des germes pathogènes et des divers parasites ou indésirables, de l'évaporation de l'eau et de la dégradation accélérée des composés organiques.

d. *Les caractères physico-chimiques des substrats*

Les substrats de compostage ont comme caractéristique commune leur extrême diversité et leur nature à dominante organique. La nature du substrat organique est rattachée à sa forme primitive de déchet : déchets végétaux (feuilles, branches, pailles,...), déchets animaux : déchets d'abattoirs ou déchets complexes : fumiers, boues de station d'épuration.

Rapidement, dans ce système très complexe, des équilibres dynamiques s'instaurent et s'ajustent sur les facteurs limitants (quantité d'éléments, disponibilité immédiate des nutriments, rapport entre nutriments, vitesse des réactions...) avec des régulations en retour.

A la fin du processus, on obtient un produit final, stable, riche en éléments nutritifs et plus homogène, avec des caractères physicochimiques très différents du déchet initial.

6. Les principales techniques de compostage

a. *Le compostage en andain ou en tas avec retournement*

Un bon retournement garantit un mélange uniforme des matières premières dans tout l'andain, cela permet de réduire les risques d'apparition de points chauds (point soumis à une surchauffe ou à une accumulation de matières à forte teneur en eau) qui peuvent être néfastes pour l'activité microbienne. Le retournement introduit ainsi des espaces d'air et de l'oxygène dans l'andain. Il permet aussi de déplacer les matières en surface vers le milieu de l'andain augmentant ainsi les chances que toutes les matières contenues dans l'andain soient exposées à des températures élevées pour détruire les agents pathogènes. La fréquence des retournements est variable selon la teneur en eau et la température mais il est conseillé de retourner les andains périodiquement durant les 2 à 3 premières semaines de compostage de manière à atteindre et à maintenir pendant 15 jours des températures supérieures à 55°C. C'est en effet à cette température que la destruction des germes pathogènes a lieue. Après le retournement du compost, la température augmente du fait de l'oxygénation qui va stimuler l'activité microbienne et cela conduit à une évaporation. Parfois il est nécessaire d'arroser pour limiter les pertes en eau. Les andains ne doivent pas dépasser 2,5 m de hauteur et 3,6 m de largeur, car plus les andains sont gros et plus la circulation d'air est difficile.

b. *Le compostage en andain ou en tas statique avec aération active*

L'aération active demande des coûts de fonctionnement beaucoup plus élevés que le système de retournement. Un système de soufflerie situé à la base des tas envoie de l'air sous pressions par des tuyaux perforés pour assurer une bonne circulation de l'air. Il est nécessaire dans ce type de structure de bien mélanger au départ les matières premières et à créer des conditions d'humidité optimales.

c. *Le compostage en andain ou en tas statique avec aération passive*

Cela suppose l'installation de tuyaux d'aération dans ou sous le tas de compost. Les matières premières sont mis sur une couche de matériaux grossiers comme des copeaux de bois et/ou par des tuyaux perforés afin d'améliorer l'aération. L'air circule ainsi passivement dans les tuyaux et dans la couche de matériaux grossiers. Ce système permet d'avoir des températures plus élevées mais peut poser des problèmes notamment si le rapport C/N n'a pas été respecté ou si le taux d'humidité n'est pas optimal. Ce type de compostage ne permet pas d'obtenir une qualité compost uniforme dans l'ensemble du tas contrairement au système de retournement qui permet entre autre de s'affranchir des points chauds.

d. *Le compostage en andain ou en tas sans aération*

Ce système consiste à mettre les matières en tas et à ne plus y toucher. C'est le plus simple et le moins coûteux mais c'est aussi celui qui pose le plus de problèmes et qui donnent une moins bonne qualité de compost. Les matières doivent être mélangées uniformément et la teneur en eau doit être optimale. Dans ce cas la circulation d'air est déficiente et peut causer des problèmes d'anaérobiose. Il arrive que les températures ne soient pas suffisantes pour détruire les agents pathogènes. Les problèmes d'anaérobiose peuvent causer des odeurs gênantes et si le compost est saturé, l'eau peut alors causer des problèmes de lessivage.

7. Les différents types de compost

En théorie, tout déchet organique biodégradable est compostable. Le travail réalisé dans le cadre de cette thèse ne portant que sur un compost de déchets verts, par ailleurs il existe plusieurs types de compost qui se caractérisent par leur matière première et la technique de compostage utilisée.

a. *Les déchets urbains compostés*

Les composts urbains sont élaborés à partir d'une gamme hétérogène de matériaux. Les déchets urbains compostables peuvent être répartis en cinq catégories :

- Déchets verts

Ensemble de déchets végétaux issus des jardins publics ou privés : tontes d'herbe, élagage, feuilles....

- Ordures ménagères

Ensemble des déchets ménagers produits par les collectivités ne pratiquant pas la collecte sélective.

- Ordures ménagères résiduelles

Fraction résiduelle des déchets ménagers obtenue après séparation des papiers, cartons, verres et emballages collectés séparément. Elles sont également appelées ordures ménagères grises du fait de la couleur de la poubelle utilisée par les collectivités qui pratiquent ce type de collecte sélective.

- Fraction fermentescible (putrescible) des ordures ménagères

Déchets organiques biodégradables, ou biodéchets (déchets de cuisine, fleurs, etc....), récupérés lors de collectes sélectives visant à les isoler des autres composés non putrescibles. Les déchets verts des jardins des particuliers sont souvent collectés avec cette fraction. Les déchets de marchés constituent également cette catégorie.

- Boues de stations d'épuration urbaines

En raison de leur très forte humidité, les boues doivent être mélangées à un structurant pour être compostées. Ce structurant est constitué de déchets verts, ou de palettes de bois.

b. *Autres composts*

- Les composts d'effluents d'élevage

Composter les effluents d'élevage est une pratique courante et ancienne. Le compost obtenu à partir de fumier de bovins est le compost d'effluent d'élevage le plus courant, mais des composts à partir de fumier d'ovins, de porcs et de volailles, et à partir de lisier de porcs sont également réalisés (Leclerc, 2001).

- Les composts de déchets industriels et agricoles

Il s'agit principalement du compostage de déchets de sucreries de la filière betteravière pour les industries agro-alimentaires, et des déchets de papeteries pour l'industrie hors agro-alimentaire.

A partir de ces déchets, divers types de composts sont fabriqués et qui portent le plus souvent le nom de la nature des déchets entrants.

En raison de leur faible porosité et forte humidité, les boues de stations d'épuration urbaines doivent être mélangées à un structurant pour être compostées. Ce structurant est généralement constitué de déchets verts, de broyats de palettes de bois ou de résidus de culture. Une variété importante de composés organiques constitue, dans des proportions variables, les déchets initiaux et peuvent se retrouver dans les composts tout au long du compostage : sucres simples, cellulose, lignine, protéines, lipides et plastique.

II. Evolution des principales caractéristiques du compost au cours du compostage

Le processus de compostage engendre des modifications des principales caractéristiques physicochimiques des matériaux initiaux.

1. La teneur en eau

Au cours du compostage, l'augmentation de la température entraîne l'évaporation d'une partie de l'eau contenue dans le mélange. L'intensité de ces pertes varie selon les caractéristiques des matériaux compostés et les conditions de compostage. Des pertes de l'ordre de 50% du taux d'humidité sont fréquemment mesurées (Canet et Pomares, 1995).

2. Le carbone organique

La teneur en carbone organique diminue au cours du compostage. Cette diminution a lieu essentiellement pendant la phase thermophile. La principale raison de cette diminution est l'utilisation par les micro-organismes des substances organiques indispensables à leur métabolisme, conduisant à leur minéralisation en dioxyde de carbone (CO_2) (Francou, 2003). Les composts se caractérisent donc par des teneurs en carbone organique inférieures à celles des déchets d'origine.

Selon les déchets, et le procédé de compostage, les taux de carbone dans le compost final peuvent présenter des fortes disparités. Les teneurs en carbone organique entre 10 et 30% sont fréquemment observées dans la bibliographie (Serra-Wittling, 1995 ; Francou, 2003).

3. L'azote

Lors du compostage, une partie de l'azote organique des déchets est minéralisée. En fin de ce processus, une augmentation de la teneur en NO_3^- est fréquemment observée (Sanchez-Monedero et al, 2001, Francou, 2003).

L'azote total représente généralement 1 à 4% de la masse sèche totale des composts et est composé de moins de 10% d'azote minéral (Bernal et al, 1998a). Lors du compostage, des pertes d'azote sont possibles, soit par lessivage des nitrates dans le cas de lots de composts non protégés des intempéries, soit par volatilisation d'ammoniac (NH3) ou d'oxyde nitreux (N2O).

4. Le rapport C/N

Il est largement connu que la biodégradabilité d'un déchet organique est dépendante de son rapport C/N. Comme le laissent prévoir les diversités observées sur les teneurs en carbone et en azote des déchets, les valeurs de C/N varient nettement selon la nature du substrat. Plusieurs auteurs (Mustin, 1987 ; Leclerc, 2001) considèrent qu'un rapport C/N compris entre 25 et 40 permet un compostage satisfaisant. D'une façon générale, le rapport C/N diminue au cours de la phase de fermentation pour se stabiliser à la fin du processus entre 10 et 20.

5. Le pH

Les pH des déchets urbains sont compris entre 5 et 9 (Morel et al, 1986). Globalement, les déchets initiaux ont une acidité légèrement plus forte que les composts matures.

6. La capacité d'échange cationique (CEC)

La CEC du substrat augmente au cours du procédé du compostage, pouvant atteindre des valeurs supérieures à 60 meq/100g (Iglesias-Jimenez et Perez- Garcia, 1989).

III. Evolution de la matière organique des composts au cours du compostage

1. Stabilisation de la matière organique

Au cours du compostage, la phase thermophile est suivie d'une diminution de la température due au ralentissement de l'activité microbienne. Ce ralentissement est lié à la stabilisation de la matière organique du compost qui peut être définie comme l'augmentation de sa résistance à la biodégradation. La mesure de cette biodégradabilité est la méthode de référence pour évaluer la stabilité d'un compost. Elle consiste à mesurer l'activité respiratoire d'un sol auquel le compost est incorporé. Cette biodégradabilité est généralement estimée par le dégagement de CO_2 au cours d'incubations à 25-30°C de composts préalablement séchés et homogénéisés (Hadas et Portnoy, 1997 ; Bernal et al, 1998b). Les quantités de carbone minéralisées au cours des incubations dépendent de l'origine et de l'âge du compost (Francou, 2003 ; Garcia-Gomez et al, 2003). Ainsi sur des composts âgés de 3 mois, Francou (2003) mesure un taux de carbone minéralisé après 108 jours d'incubation, de 6% pour un compost de déchets verts additionné de boue, de 11% pour un compost de déchets verts et de 28% pour un compost d'ordures ménagères. Garcia-Gomez et al (2003) ont observé qu'au terme de 71 jours d'incubation d'un compost de déchets verts, 25% du carbone d'un compost jeune échantillonné à 0 jour de compostage est minéralisé, contre seulement 10% pour un compost échantillonné à un mois, durant la phase thermophile ; après 25 semaines de compostage, la quantité de carbone minéralisé est inférieure à 5% du carbone initial.

2. Evolution de la composition biochimique de la matière organique

En fractionnant la matière organique en quatre familles biochimiquement différentes selon le protocole de Van Soest (1967) (fraction soluble, cellulose, hémicellulose et lignine), Chefetz (1996) et Francou (2003) ont observé une diminution de la cellulose au cours du compostage et une concentration de la fraction assimilée aux lignines. Ainsi pour un compost à base d'ordures ménagères, Francou (2003) observe une diminution de la proportion de matière organique présente sous forme cellulosique, passant de 39% de la matière organique à 26% en trois mois de compostage. Comme la cellulose, la part de l'hémicellulose a diminué de 11% de la matière organique à 2%. En revanche les proportions de fraction soluble et lignine ont augmenté, la fraction soluble passant de 33 à 45% de la matière organique du compost et la teneur en lignine de 17% à 27% de la matière organique du compost.

Le compostage est classiquement associé au processus naturel d'humification observé pour la matière organique du sol. Ainsi, le fractionnement dit humique de la matière organique des composts en trois classes de solubilité différente en milieu acide et basique (acides humiques, acides fulviques et humines) est souvent utilisé pour évaluer l'évolution de la matière organique au cours du compostage (Roletto et al, 1985a ; Foster et al, 1993).

Souvent ces fractions fulviques et humiques ne désignent pas des substances humiques senso stricto, mais il s'agit d'un ensemble de composés, incluant substances humiques et biomolécules, solubles en solution alcaline. Au début du compostage, généralement, la fraction fulviques prédomine sur la fraction humique et représente 24% du carbone organique total dans un compost jeune d'ordures ménagères (Sugahara et Ionoko, 1981).

Durant le compostage, la fraction humique devient progressivement prédominante par rapport à la fraction fulvique et passe par exemple dans l'étude de Sugahara et Ionoko (1981) de 2% du carbone organique total d'un compost jeune d'ordures ménagères à 24% du carbone organique total après 3 mois de compostage.

IV. Notion de maturité des composts

Le degré de maturité des composts est un critère important à déterminer, afin de répondre aux préoccupations des fabricants et utilisateurs de composts. La maturité (ou stabilité) d'un compost est reliée au degré de décomposition et d'humification de sa matière organique. La maturité d'un compost est un paramètre à considérer avant toute utilisation. En effet, le degré de maturité des composts influence les effets des composts après apport au sol et doit être connu. Plusieurs critères ont été élaborés pour estimer cette maturité :

1. Stabilité biologique de la matière organique du compost

La biodégradabilité résiduelle de la matière organique des composts diminue avec l'augmentation de la maturité des composts (Kirchmann et Bernal, 1997 ; Francou, 2003). La méthode de référence pour évaluer la biodégradabilité de la matière organique d'un compost est le suivi de l'activité respiratoire d'un sol auquel le compost est incorporé. Un compost mûr est un compost qui a une matière organique dont la biodégradabilité est similaire à celle de la matière organique d'un sol. Francou (2003) a établi une gamme de stabilité des matières organiques des composts suivant le taux de minéralisation du carbone organique en conditions contrôlées (28°C durant 108 jours) (tableau 1). Plusieurs tests, sont proposés pour une évaluation rapide de la biodégradabilité de la matière organique des composts. Ces tests sont en premier lieu destinés à être utilisés sur plate-forme de compostage.

Niveau de stabilité du compost	C-CO2 108 jours (% COT)	Degré de maturité du compost
Compost très stable	[0 ; 10]	Maturité très élevée
Compost stable	]10 ; 15]	Maturité élevée
Compost moyennement stable	]15 ; 20]	Maturité moyenne
Compost instable	]20 ; 30]	Maturité faible
Compost très instable	> 30	Maturité très faible

Tableau 1 : Définition des classes de maturité des composts à partir de la proportion du carbone organique total des compost minéralisé après 108 jours d'incubation à 28°C (Francou, 2003).

2. Suivi du rapport d'humification (CAH/CAF)

Le fractionnement chimique de la matière organique (en acides fulviques, humiques et humine) a conduit certains auteurs à calculer des indicateurs de maturité à partir de ces différentes fractions. Le plus courant est le rapport de la fraction humique sur la fraction fulvique (CAH/CAF). Les études montrent une augmentation significative de ce rapport au cours du compostage (Saviozzi et al, 1988 ; Francou, 2003). Des rapports inférieurs à 1 sont caractéristiques des composts immatures (Roletto et al, 1985a ; Francou, 2003), et les valeurs doivent être supérieures à 1,7 ou 3 pour les composts mûrs respectivement selon Foster et al (1993) et Francou (2003).

3. L'évolution de certaines caractéristiques physico-chimiques classiques

Plusieurs travaux ont montré l'évolution des caractéristiques physico-chimiques classiques des composts au cours du compostage. Les caractéristiques pouvant être utilisées comme indicateurs de maturité sont le pH, la CEC (en liaison directe avec le pH), le rapport C/N et le rapport $N-N-NO_3^-/N-NH_4^+$.

En effet, les pH acides sont caractéristiques des composts immatures alors que les composts mûrs sont caractérisés par des pH compris entre 7 et 9 (Forster et al, 1993). Selon Iglesias-Jimenez et Perez-Garcia (1989) une CEC supérieure à 60meq/100g de la matière organique est nécessaire pour pouvoir considérer le compost comme mûr. Mais Saharinen (1998) rapporte que la CEC ne peut pas être utilisée comme indicateur de maturité des produits d'origine et de compositions variées.

Le rapport C/N est un indicateur très utilisé dans l'étude des composts. Le C/N diminue au cours du compostage et Roletto et al (1985b) considère qu'une valeur inférieure à 25 caractérise un compost mûr, alors que Iglesias-Jimenez et Perez-Garcia (1989) considère qu'un rapport inférieur à 20 et même 15 est préférable. Mais beaucoup d'auteurs considèrent que la valeur du C/N d'un compost n'est pas suffisante pour déterminer sa maturité (Morel et al, 1986 ; Serra-Wittling, 1995).

Le rapport $N-NO_3^-/N-NH_4^+$ est utilisé par certains auteurs comme indicateur de maturité qui augmente pendant le compostage. En effet, la présence de nitrates n'est observée que dans les composts mûrs. Une microflore nitrifiante active dans un compost est donc synonyme de maturité (Kaiser, 1981 ; Annabi, 2004). Le rapport $N\text{-}NO_3^-/N\text{-}NH_4^+$ est cependant peu utilisé comme indicateur de maturité des composts car les résultats trouvés sont différents (Francou, 2003).

4. Autres critères de la maturité d'un compost

Il existe des tests simples pour déterminer la maturité des composts. La stabilisation de la température du compost traduit la fin de phase de dégradation intensive (Harada et al, 1981). L'absence d'odeurs déplaisantes générées par l'émission de composés organiques volatiles lors de la phase de dégradation intensive peut également être utilisée (Iglesias-Jimenez et Perez-Garcia, 1989). Le changement de couleur au cours du compostage a conduit certains auteurs à mettre en place des tests colorimétriques (Morel, 1982). Mais ces tests ne s'appliquent généralement que sur un produit donné et nécessite le suivi de tout le procédé de compostage.

L'ensemble de ces tests simples apparaissent trop peu généralisables et trop peu précis pour constituer des indicateurs standards et fiables de maturité.

Il existe aussi des méthodes plus complexes et peu utilisées en pratique comme l'estimation des lipides extractibles (Dinel et al, 1996) et le suivi de l'évolution de la biodiversité microbienne, de l'activité enzymatique au cours du compostage (Forster et al, 1993 ; Insam et al, 1996). Les teneurs en lipides totaux diminuent au cours du compostage de plusieurs effluents d'élevage (Dinel et al, 1996). Cette diminution est due à la dégradation des lipides par les microorganismes. Dinel et al (1996) ont établi des seuils de maturité sur la base de l'évolution des lipides au cours du compostage. Ainsi un rapport entre les lipides extractibles au diethylether qui permet l'extraction des lipides à courte chaîne moléculaire, des alcanes, des alcènes et des acides alcanoloiques et les lipides extractibles au chloroforme inférieur à 2,5 est caractéristique des composts mûrs. Un ratio entre les lipides à grand poids moléculaire extractibles au chloroforme et les lipides totaux (somme des lipides extractibles au diethylether et au chloroforme) supérieur à 0,25 est aussi caractéristique des composts mûrs.

La stabilité de la biodiversité des populations microbiennes des composts au cours du compostage est un critère de maturité (Insam et al, 1996 ; Annabi, 2004).

V. Effet du compost sur la croissance végétale

La réduction et la transformation des déchets en un produit stable ne sont pas les seuls avantages du compostage, le compost a également d'autres intérêts directs ou indirects. Depuis longtemps, l'Homme utilise le fumier et le compost pour améliorer la productivité agricole sans s'interroger sur leur mode d'action, l'essentiel étant le résultat et la rentabilité. Mais depuis la découverte des fertilisants chimiques et l'utilisation de nouvelles pratiques agricoles intensives, plus productives et plus rentables, l'utilisation des engrais naturels a été petit à petit reléguée à l'arrière-plan.

Au cours des dernières décennies, en raison de la pollution liée à cette utilisation non contrôlée des produits chimiques et à l'appauvrissement des sols, une conscience « écologique » a vu le jour et la notion de développement durable a été avancée. De nouvelles solutions ont donc été proposées afin de limiter et mieux contrôler les rejets. Le compostage est l'une des solutions qui a été encouragée, beaucoup d'études ont alors été réalisées afin de comprendre l'effet du compost sur le sol et la croissance des plantes.

Leur premier résultat a été de montrer que les effets bénéfiques du compost varient sensiblement selon la nature du déchet initial et la technique utilisée (El Hanafi Sebti, 2005). Il a ensuite été largement démontré que l'influence du compost sur l'amélioration du rythme de diffusion des nutriments, de la porosité du sol et de la capacité de rétention d'eau, contribuait à une augmentation de la croissance des végétaux et des racines (Alvarez et al., 1995 ; Wong et al., 1999 ; El Hanafi Sebti, 2005). Le compost agit également sur le taux de matière organique du sol mais aussi sur la présence d'éléments traces tels que le fer, le manganèse, le cuivre, le zinc et le bore, nécessaires à la croissance des végétaux (Lee et al., 2003).

VI. Le compostage en France : conditions réglementaires de l'utilisation des composts en agriculture

En France, il existe plus de deux cents installations de compostage, tous déchets confondus (ADEME, 2000). Les procédés de compostage sont propres à chaque site. Il existe une **grande variété d'usines** de compostage. Elle va des plates-formes les plus basiques constituées uniquement d'une surface à l'air libre pour placer les andains et de quelques engins (broyeurs, tracto-pelles), aux plates-formes très sophistiquées constituées d'espaces abrités, d'appareils de contrôle continu de la température, de la teneur en oxygène, de systèmes de ventilation, etc.... Le compostage des déchets urbains s'inscrit dans un contexte de gestion de déchets urbains de plus en plus nombreux. C'est un mode de traitement des déchets qui permet d'obtenir un produit utilisé principalement en tant qu'amendement organique en agriculture. Il existe une grande diversité de composts, liée à la diversité de la nature des déchets compostés, et à la diversité des procédés de compostage. Cependant, le compostage en France ne constitue aujourd'hui qu'un faible part du traitement des déchets d'origine urbaine. Le développement du compostage en France passe par une amélioration des connaissances de la valeur agronomique des composts et de leur innocuité.

Les composts sont essentiellement utilisés en agriculture, mais également pour la revégétalisation des sites, ou comme support de culture. Pour pouvoir être utilisés, les composts doivent faire l'objet d'une procédure d'homologation, ou répondre aux critères de spécification définis dans la norme 44-051 définissant les amendements organiques. Cette norme est d'application obligatoire pour l'utilisation de ces produits, mais est très peu contraignante en raison notamment de l'absence de critères d'innocuité (polluants et pathogènes). L'utilisation des composts en agriculture biologique est possible, lorsque le besoin est reconnu par l'organisme de contrôle. Les composts d'effluents d'élevage (sauf l'élevage hors-sol), les composts de déchets verts et les composts de biodéchets peuvent être utilisés en agriculture biologique. Cependant, ces derniers doivent avoir des, teneurs très faibles en métaux (Leclerc, 2001).

Matériel et méthodes

I. Matériel utilisé

1. Le compost

Le compost que nous avons utilisé dans cette étude est un compost de type « vert », c'est-à-dire fabriqué uniquement à partir de déchets végétaux. C'est un compost avec le label « *NF U 44-051 Amendement Organique* » qui signifie que les teneurs en N, P2O5 et K2O ne dépassent pas chacune 3% (sur produit brut). Il provient d'une société de compostage «*Vert Compost*» qui reçoit des déchets provenant essentiellement de quatre départements qui sont le Val d'Oise, les Yvelines, l'Eure et l'Oise (Fiche technique en annexe 1).

Depuis sa création en 1993, la société Vert compost pratique le système de compostage en andain avec retournement, en milieu aérobie sur une durée de 9 mois minimum. Le matériel composté est entièrement naturel, les déchets sont triés manuellement puis broyés afin d'accélérer le processus de dégradation de la matière organique.

Chaque semaine, à cause d'une importante évaporation due à la chaleur dégagée, un arrosage est effectué avec les eaux pluviales du site qui sont collectées dans un bassin. Au cours du compostage les andains sont régulièrement retournés et au cœur de ces andains une température de 60 à 70°C assure l'hygiénisation du compost. A l'issu de la phase de maturation le compost est tamisé et continue encore d'évoluer pendant 1 mois. Suivant son utilisation finale il est tamisé en granulométries : moyenne (maille zigzag 28 mm), très fine (maille carrée 10 mm) ou fine (maille zigzag 12 mm). Les refus de tamisage sont de nouveau triés manuellement et mélangés avec le compost jeune, cette étape est primordiale car elle assure, par un réensemencement d'une très grande variété de micro-organismes, une qualité constante du compost final (Photo 1).

a. *Echantillonnage*

Pour suivre l'évolution des communautés microbiennes au cours du processus du compostage, trois composts " Vert Compost " âgés de 1(C1), 5 (C5) et 12 (C12) mois ont été choisis. Pour chaque âge, trois échantillons composites sont effectués (schéma 1).

Chaque échantillon composite est réalisé à partir de cinq prélèvements différents qui sont ensuite mélangés. Nos échantillons composites sont conservés au froid (+4°C) jusqu'à leur analyse.

Réception, tri et broyage des déchets verts

Mise en andains, arrosage et maturation

Retournement, arrosage et maturation

Tamisage et stockage du compost mature

Photo 1 : Les différentes étapes de fabrication d'un compost vert

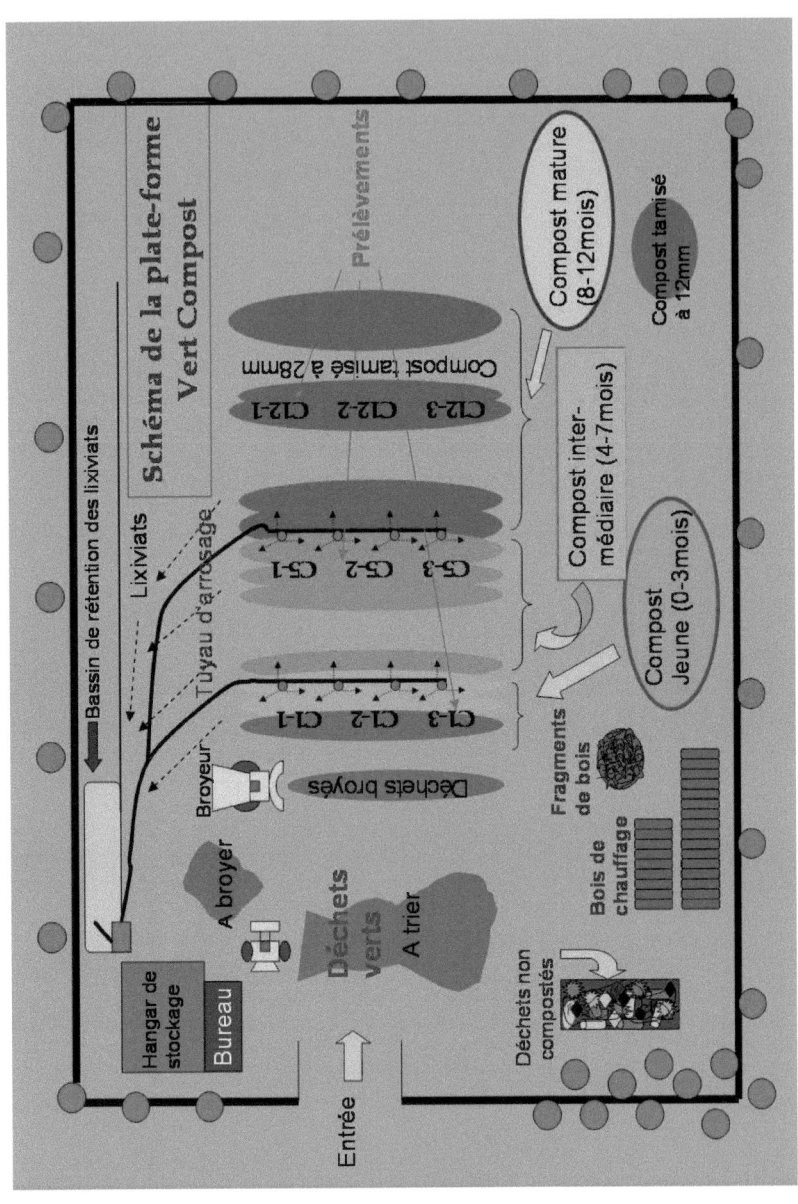

Schéma 1 : Schéma de la plateforme Vert Compost et répartition des prélèvements

b. *Mesure de l'humidité et pH*

Humidité

10g de chaque échantillon composite sont mis à 120°C (3 répétitions). Le poids est ensuite mesuré jusqu'à obtention d'un poids stable. L'humidité relative est exprimée en % par rapport au poids total de l'échantillon.

Détermination du pH

Pour chaque échantillon composite, 10g sont placés sous agitation pendant 3 heures dans 100ml d'eau distillée (3 répétitions). Le pH est ensuite mesuré avec un pH-mètre (CRISON, micropH 2001). La valeur du pH de chaque échantillon est estimée à partir de la moyenne des 3 répétitions.

2. Le sol

Deux types de sol ont été utilisés pour cette étude : Un sol de pelouse provenant de l'IRD de Bondy et un sol forestier prélevé dans la forêt de Foljuif (dep. 78) (100 km au sud de Paris). Les deux sites d'échantillonnage sont cartographiés sur la photo 2 et les caractéristiques physicochimiques des deux sols sont représentées dans le tableau 2.

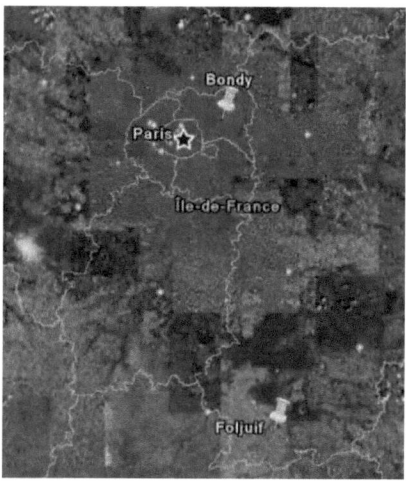

Photo 2 : Localisation des sites d'échantillonnage du sol

Sol	Analyse granulométrique					Phosphore (ppm)	Azote (%)	Carbone (%)	pH
	Argile (%)	Limon fin (%)	Limon gros. (%)	Sable fin (%)	Sable gros. (%)				
Bondy	22,70	7,07	7,43	16,73	45,77	117,67	2,35	4,19	8,2
Foljuif	6,9	9,7	9,3	33	41,1	5,22	1,12	1,47	5,22

Analyse réalisée par le laboratoir des moyens analytiques (IRD Dakar, Biosol)

Tableau 2 : Caractéristiques des sols utilisés

II. Effet de l'ajout du compost sur le développement de deux plantes

1. Dispositif expérimental

Deux plantes ont été choisies pour cette étude : une variété du blé tendre nommée « apache » (fiche technique en annexe 4) et la véronique de Perse « *veronica persica* », le sol choisi pour cette expérience provient de la forêt de Fol Juif.

Pour chaque plante, 5 pots amendés avec du compost et 5 pots témoins ont été mis en place à l'air libre, des graines de blé et de la véronique ont été semées, les pots ont été ensuite arrosés et entretenus régulièrement.

La composition des pots ainsi que le nombre de graines semées par pot sont détaillés dans le tableau 3.

Pots	Sol (kg)	Compost (kg)	Blé (graines)	Véronique (graines)
BS1	1		5	
BS2	1		5	
BS3	1		5	
BS4	1		5	
BS5	1		5	
BSC1	1	0,15	5	
BSC2	1	0,15	5	
BSC3	1	0,15	5	
BSC4	1	0,15	5	
BSC5	1	0,15	5	
VS1	1			20
VS2	1			20
VS3	1			20
VS4	1			20
VS5	1			20
VSC1	1	0,15		20
VSC2	1	0,15		20
VSC3	1	0,15		20
VSC4	1	0,15		20
VSC5	1	0,15		20

Tableau 3 : Composition des pots

BS : blé + sol témoin, BSC : blé + sol + compost, VS : Véronique + sol, VSC : véronique + sol + compost

2. Mesure de la croissance des plantes

Après 75 jours de développement des plantes, les pots ont été vidés, les parties aériennes et racinaires de chaque plante ont été séparées et pesées après leur rinçage. Ensuite, elles sont séchées à l'étuve à 70°C pendant 72h pour calculer leur poids sec.

III. Effet de l'ajout du compost sur l'activité et la diversité de la microflore tellurique

1. Calibrage et étude de la stabilité du sol en microcosme

3 kg de sol sont mis dans cinq microcosmes, le sol est maintenu à sa capacité au champ par arrosage régulier à une température constante. L'excès d'eau est évacué par un système d'infiltration à la base de chaque microcosme. (Photo 3)
Des échantillons de 100 g sont prélevés de chaque microcosme le premier jour puis, 8, 17 et 34 jours après la mise en place des microcosmes. Ces échantillons sont marqués T1, T8, T17 et T34, ils sont conservés à 4°C jusqu'à leur analyse.
Trois activités enzymatiques ont été testées, ce sont les phosphatases acides et alcalines et la β-glucosidase.

2. Dispositif expérimental

Douze microcosmes ont été mis en place, six avec un sol « riche » (Bondy) et six avec un sol pauvre (Foljuif), dans chaque microcosme sont placés en début d'expérimentation 3kg de sol séché puis tamisé à 5 millimètres. Le tamisage permet d'éliminer les micro-agrégats au sein desquels peuvent se trouver des microorganismes dont les activités ne seraient alors pas prises en compte. Le sol des microcosmes est ensuite ramené à la capacité au champ par infiltration d'eau distillée. Compte tenu des analyses préalables, qui ont montré qu'il fallait attendre 20 jours avant d'avoir une stabilisation des activités enzymatiques, les microcosmes sont laissés au repos durant 3 semaines.
Après 3 semaines, 280 g de compost (quantités conseillées par le producteur) sont additionnés aux 3 kg de sol dans certains microcosmes les autres représentaient les témoins.

Photo 3 : Photo des microcosmes utilisés

M1, M2, M3 : sol riche + 280g de Compost mature
M4, M5, M6 : sol riche témoins (sans compost)
M7, M8, M9 : sol pauvre + 280g de Compost mature
M10, M11, M12 : sol pauvre témoins (sans compost)

Les microcosmes sont placés dans une salle climatisée à 16°C et maintenus à la capacité au champ par un arrosage régulier.

3. Prélèvements

Avant chaque prélèvement, le sol est mélangé afin de permettre l'homogénéisation du matériel prélevé. A chaque prélèvement et pour chaque microcosme, 3 fois 100 g de sol (ou sol + compost) sont prélevés et mélangés, les prélèvements sont ensuite fractionnés en fonction des analyses ultérieures.

Les échantillons sont mis à sécher pendant 48h à température ambiante, puis broyé au mortier avant tamisage (2 mm), ils sont ensuite stockés à 4°C.

Quatre prélèvements ont été déterminées : avant d'incorporer le compost (T), 1jour après incorporation (P0), 1 mois après (P1) et 3 mois après (P3).

IV. Etude des communautés microbiennes

1. Analyse de la microflore cultivable

a. *Microflore fongique*

La technique des suspensions-dilutions (annexe 5) a été utilisée pour la culture des champignons sur le milieu solide spécifique de Sabouraud additionné d'un antibiotique : le Chloramphenicol (Sigma) à 0.005%. Pour ce faire, 20g de l'échantillon préalablement bien homogénéisés ont été stérilement suspendus dans 200 ml de solution dispersante (1,2g de bactopeptone, 6g de Pyrophosphate de sodium, qsp 1L d'eau distillée) stérile. Après 30 min d'agitation et 20 min de décantation, des dilutions décimales ont été effectuées à partir de cette suspension. 200 µl de chaque dilution ont été ensemencés par boîte de Petri à l'aide de billes de verre stériles à raison de 5 répétions par dilution. Les boîtes ainsi ensemencées ont été incubées dans une chambre de culture à 30°C. Le nombre de colonies (CFU) a été régulièrement comptées jusqu'au cinquième jour puis les différents morphotypes isolés et purifiés. Pour chaque structure, la dilution ayant permis d'obtenir un nombre homogène de colonies compris entre 15 et 30 a été retenue pour l'estimation de la microflore fongique totale. Pour chaque échantillon, les morphotypes numériquement les plus représentés ont été sélectionnés pour les études ultérieures.

b. *Microflore bactérienne totale*

Principe

L'approche MPN (Most Probable Number) (annexe 6) utilisée est une méthode d'estimation de la quantité de microorganismes présents dans une suspension. L'estimation est basée sur le principe selon lequel l'existence d'une croissance au niveau des tubes ensemencés avec une dilution donnée suppose la présence au niveau de cette dilution d'au moins une cellule capable de dégrader le substrat proposé.

Méthodologie

5 g de chaque échantillon sont placés dans un erlenmeyer stérile de 100 ml contenant 45 ml d'eau physiologique stérile (9 g de NaCl/L d'eau distillée) et mis en suspension à l'aide d'un

agitateur magnétique pendant 30 min. La suspension est ensuite décantée pendant 20 min, puis le surnageant est prélevé, il constitue la dilution 10^{-1}. A partir de cette suspension, des dilutions décimales sont effectuées jusqu'à 10^{-8}. Le milieu utilisé est le milieu LPGA à pH 7,6 (cf. composition en annexe 6).

Ce milieu est ensemencé avec les différentes dilutions précédemment réalisées pour chaque dilution, 3 répétitions sont effectuées. Les fioles sont incubées sous agitation rotative à 150 rpm dans un incubateur thermostaté (*ROTATEST*, BIOBLOCK) à 29°C. Au bout d'une semaine, les fioles présentant une croissance sont notées « positives » et le nombre le plus probable de microorganismes capables d'utiliser le substrat proposé dans les conditions de culture est estimé en utilisant le tableau de McCrady (1918).

c. *Etude fonctionnelle des souches isolées*

Métabolisme

Pour l'étude du métabolisme des différentes souches isolées, nous avons utilisé des tests API-ZYM (Biomérieux). Le système APIZym est une micro méthode qui permet d'étudier simultanément 19 activités enzymatiques à partir de très faibles quantités d'échantillons. Ce système a pour but de détecter des activités enzymatiques d'un extrait complexe non purifié.

A partir de culture sur milieu liquide additionné de glucose, le mycélium est prélevé puis potérisé à froid avec 1 ml du milieu de culture. Après centrifugation à 12000 t/min, 65 µl de surnageant sont déposés par cupule contenant le réactif et le substrat enzymatique. Les galeries sont placées à 30°C durant 12 heures. Les résultats sont notés de 0 à 5. Le 0 correspond à une réaction négative, le 5 à une réaction d'intensité maximale, les réactions intermédiaires étant notées 1, 2, 3, 4, selon leur intensité, en se référant à l'échelle de lecture jointe par le fournisseur.

Capacité à utiliser certains substrats de croissance

Trois substrats polysaccharidiques constitutifs de la matière végétale (cellulose, xylane et mannane) et un polyphénol (acide tannique) ont été testés. Le milieu de culture et de production des enzymes est un milieu minéral de Raulin contenant comme seule source de carbone un des 4 substrats testés. 50ml de milieu de culture sont ensemencés avec une carotte de 5 mm prélevée, à l'aide d'un emporte-pièce stérile (Transfertube, Polylabo), aux extrémités d'un mycélium de 5 jours d'une culture pure en milieu solide. Pour chaque souche, trois fioles sont ensemencées par substrat. Les cultures sont mises en agitation à 150 rpm dans un incubateur thermostaté (ROTATEST, BIOBLOCK) à 29°C. La croissance et la dégradation des substrats sont estimées après 7 jours de culture.

2. Etude de la structure génétique des communautés microbiennes

a. *Extraction de l'ADN*

La technique utilisée est dérivée de la méthode Porteus (1997) modifiée au laboratoire pour être applicable à nos échantillons de compost. Les microorganismes ont été dispersés, puis une lyse physique et chimique a été effectuée, suivie de plusieurs étapes d'extraction, purification sans phénol.

Dispersion des microorganismes

10g de chaque échantillon sont mis en agitation dans 50ml de solution dispersante (3 répétitions par échantillon) pendant 20min. Après une décantation de 5min, 30ml du surnageant est prélevée puis centrifugé à 15000t/min pendant 15min.
0,5 g du culot sont déposé dans un tube eppendorf de 2ml, puis mis à -20°C pendant 3h pour produire un choc thermique.

Lyse physique et chimique

Après la première étape de congélation, 1ml de tampon de lyse (NaCl 0,25 M ; EDTA 0,1 M, pH 8) et des billes de zirconium sont rajoutés au culot. Ces suspensions sont homogénéisées 2 fois pendant 2 minutes à l'aide d'un "Beadbeater" (Retsch® MM200, Germany) réglé à 25Hz. Cette étape est alternée avec une incubation à 68°C pendant 2 minutes.
Les tubes sont ensuite refroidis par un jet d'eau froide. L'ADN est récupéré dans 600μl de surnageant après centrifugation à 13000 g pendant 15 minutes et placé dans un autre tube eppendorf de 2ml.

Précipitation et purification

L'ADN est précipité à l'aide de 75µl d'Acétate de Potassium à 5M et 250µl de Polyéthylène glycol (PEG) 40%. La précipitation se fait à -20°C pendant 1h30min et se termine par une centrifugation à 13000 g pendant 15 minutes et à 4°C.

Le culot est resuspendu avec 900µl de CTAB 2% (1,4M NaCl ; 0,1M EDTA ; 2% CTAB) qui permet de complexer les acides nucléiques.

Extraction sans phénol

Après une incubation de 15 minutes à 68°C, 900µl de chloroforme sont ajoutés pour la déprotéinisation. Le mélange est agité doucement puis centrifugé à 13000 g pendant 10 minutes à température ambiante. La phase aqueuse contenant l'ADN est récupérée dans un nouveau tube eppendorf.

Précipitation de l'ADN

L'ADN est concentré par plusieurs phases de précipitation. Une première phase se fait par précipitation dans 600µl d'isopropanol à –20°C pendant 15 minutes. Après une centrifugation à 13000 g pendant 15 minutes à 4°C, le surnageant est éliminé et une deuxième précipitation est effectuée dans 450µl d'acétate d'ammonium à 2,5M et 1ml d'éthanol 95°. L'ADN est de nouveau précipité à -20°C pendant 1 à 3 heures, puis le mélange est centrifugé 15 minutes à 13000 g. Le culot est récupéré, lavé avec 1ml d'éthanol 70° puis centrifugé à 13000 g pendant 5 minutes ensuite il est séché et suspendu dans 20µl du tampon TE 1X.

Contrôle de l'ADN extrait

L'ADN extrait est ensuite contrôlé à l'aide d'un spectrophotomètre Nanodrop. (ND-1000, Labtech®). Il permet d'évaluer l'intégrité et la quantité d'acides nucléiques (en ng/µl) dans un échantillon.

b. *Amplification ou Réaction de Polymérisation en Chaîne (PCR)*

La Réaction de Polymérisation en Chaîne « *Polymérase Chain Reaction* » (PCR), mise au point en 1985 par Karry Mullis, est une technique d'amplification génique, elle permet de repérer un fragment d'ADN ou de gène bien précis et de le dupliquer en multiples exemples.

Les séquences d'ADN ciblées sont amplifiées par PCR, les objectifs de la PCR sont d'obtenir un nombre suffisant de fragments d'ADN afin d'appliquer d'autre techniques de biologie moléculaire (DGGE, ARDRA, clonage, séquençage...) ou bien de déterminer la présence d'une espèce ou d'un gène dans le milieu d'étude.
Cette technique permet d'amplifier une séquence d'ADN spécifique encadrée par des oligonucléotides appelés amorces. La nature de ces amorces détermine la portion d'ADN qui sera amplifiée.

PCR pour bactéries

La région la plus fréquemment amplifiée est celle codant pour l'ARN ribosomal 16S. Cette région existe chez toutes les bactéries et elle présente des séquences communes. L'utilisation de ces régions conservées en tant qu'initiatrices de l'amplification (amorces spécifiques) permet d'obtenir un nombre important de ces séquences d'ADN. La principale caractéristique de l'ADN codant pour l'ARNr 16S est qu'il possède des régions très polymorphes permettant de caractériser les espèces bactériennes. C'est pourquoi, cette séquence est fréquemment utilisée pour les études phylogénétiques.

Pour notre étude nous avons choisi l'amorce gc338f (couplée d'une séquence GC clamp) *(5' **CGC CCG CCG CGC GCG GCG GGC GGC GCG GGG GCA CGG GGG**-GAC TCC TAC GGG AGG CAG CAG 3')* et l'amorce 518r *(5' ATT ACC GCG GCT GCT GG 3')*. Ces deux amorces ont été décrites respectivement par Lane et al. (1991) et Muyzer et al. (1993). Ces amorces permettent l'amplification spécifique d'un fragment de 236 paires de bases (pb) dans les régions hypervariables V_3 du gène codant pour l'ARNr de toutes les bactéries.
2 µl d'extrait d'ADN sont amplifiés avec les amorces gc338f et 518r à 0,25 pmol/µl dans un volume réactionnel de 25µl à l'aide de la Taq Polymérase Ready-To-Go (Amersham Biosciences, USA). Les cycles d'amplification sont représentés dans le tableau 4.

PCR pour champignons

Les amorces spécifiques choisies pour cette étude sont 403-f *(5' GTG AAA TTG TTG TTG AAA GGG AA 3')* et gc662-r (liée à une séquence GC clamp) *(5' **CCC CCG CCG CGC GCG GCG GGC GGG GCA CGG GCC**-GGA CTC CTT GGT CCG TGT T 3')*, ce couple d'amorce permet l'amplification du fragment d'ADN fongique compris entre 403 et

645 pb du 28S de *Saccharomyces cereviceae*, soit une taille d'environ 260 pb (Sigler et Turco, 2002).

La réaction d'amplification de l'ADN fongique s'est déroulée dans les mêmes conditions que celle de l'ADN bactérien. Les cycles d'amplification sont représentés dans le tableau 4.

PCR	Bactéries			Champignons		
Phases	Nombre de cycles	T (°C)	Temps	Nombre de cycles	T° (C)	Temps
Dénaturation	1	94	5 min	1	95	5 min
Dénaturation		94	1 min		95	30s
Hybridation	20	65	1 min	35	52	1 min
Synthèse		72	3 min		72	3 min
Dénaturation		94	1 min			
Hybridation	10	55	1 min			
Synthèse		72	3 min			
Fin de synthèse		72	10 min		72	30 min

Tableau 4 : Cycles d'amplification PCR.

Contrôle de l'amplification

L'amplification est contrôlée en déposant 5µl de produit PCR et 2,5µl de bleu de charge dans les puits d'un gel d'agarose à 2%. La migration se fait à 100 V pendant 1 heure. Le gel est ensuite mis à colorer dans le BET pendant 20 minutes puis rincé dans l'eau 20 minutes et il est photographié sous UV.

c. *Electrophorèse en Gradient de Dénaturation (DGGE)*

La technique de DGGE (Denaturing Gradient Gel Electrophoresis) est basée sur une séparation des produits PCR sur un gel de polyacrylamide avec un gradient de dénaturation. Les séquences amplifiées sont séparées sur un gel de polyacrylamide contenant un gradient de dénaturation chimique constitué par de l'urée et du formamide. Les fragments amplifiés ayant tous la même longueur (en pb), leur séparation s'effectue en fonction de leur résistance à la dénaturation qui dépend du pourcentage en GC et par conséquent de leur séquence. LA DGGE a été effectuée à l'aide du Dcode^{TM} Universal System (Bio-Rad, USA).

Le profil electrophorétique ainsi obtenu correspond à une empreinte génétique de la population microbienne totale de l'échantillon étudier, chaque bande correspond en principe à une espèce particulière.

Pour chaque échantillon, 20µl de produit PCR sont ajoutés à 5µl de bleu de charge et déposés dans les puits. La migration se fait à 150V pendant 6 heures, la température étant constante et réglée à 60°C. Le gel est ensuite mis à colorer dans le BET pendant 20 minutes puis rincé dans l'eau 20 minutes et photographié sous UV à l'aide du Transilluminator (Bio-Rad, Italy).

V. Dosage des activités enzymatiques

Neuf enzymes ont été sélectionnées pour cette étude (Tableau 5).
Pour toutes les mesures d'activité, les éppendorfs contenant le sol sont humidifiés à la capacité au champ et mis à incuber 24h avant, à 27°C afin de réveiller la microflore.

1. Dosage des phosphatases (Nannipieri et al. 1980)

Deux classes de phosphatases se distinguent selon le pH optimum : les phosphatases alcalines et acides. Par conséquent, les activités ont été mesuré à deux pH différents : pH 4 pour les acides et pH 9 pour les alcalines. Pour chaque échantillon prélevé, 3 essais sont réalisés ainsi que 3 témoins constitués de 0,1 g de sol et de 0,4 ml de tampon borate à pH 9 ou tampon Mc Ilvain à pH 4. Le tampon a pour but de faire que la solution soit au pH optimum pour que la réaction se produise.

Les essais sont constitué de 0,1 g de sol, de 0,4 ml de tampon (Mc Ilvain ou Borate) et de 0,1 ml de substrat : le paranitrophénolphosphate (PNPP) (80 mg dans 10 ml d'eau distillée). Tous les épendorfs sont ensuite incubés à l'obscurité pendant 30 minutes sous agitation à 37°C. Puis on ajoute après cela 0,1 ml de CaCl2 (0,5N) et 0,4 ml de NaOH (1N) pour stopper la réaction. Et dans les témoins on ajoute 0,1 ml de PNPP. Et enfin, on centrifuge à 15000t/min pendant 3 minutes. Si la réaction a lieu il y a libération du nitro-4-phénylphosphate qui donne une coloration jaune. L'intensité de la coloration est proportionnelle à la quantité de paranitrophénol libérée et donc à la quantité d'enzymes présente dans l'échantillon et est déterminée à l'aide d'un spectrophotomètre à une longueur d'onde de 400 nm. L'unité (U) est exprimée en µg de phénol libéré par minute et l'activité enzymatique (A) correspond à U/g de sol sec.

Enzymes		Fonctions	Origines
Dépolymérases		Scission des polyméres en unités monomériqus ou dimériques	
Enzymes catalysant l'hydrolyse des laisons glucidiquee	Cellulase	Hydrolyse de la cellulose	Bactéries, champignons
	Amylase	H. de l'amidon	Bactéries, champignons
	Xylanase	H. des xylanes	microorganismes, plantes, animaux
	β-glucosidase	H. de certains liaison glucosidique	Bactéries, champignons
Enzymes de la minéralisation		Minéralisation des monomères oligomères organiques	
Minéralisation des composés phosphorés	Phosphatase acide	Phosphate organique ---> orthophosphate	Exsudats racinaire
	Phosphatase alcaline		Bactéries, champignons mycorhiziens
Minéralisation des composés azotés	Uréase	Urée ---> NH3 et CO2	microorganismes, plantes, animaux
	N-acétyl glucosaminase	H. de N-acetyl-β-D-glucosamine	
M. des composés soufrés	Arylsulfatase	Sulfates organique --> sulfates minéraux	champignons

Tableau 5 : Les activités enzymatiques testées

2. Dosage des polysaccharidases

Trois polysaccharidases ont été retenues : cellulase, amylase et xylanase. Le dosage effectué s'inspire de la technique colorimétrique mise au point par Somogyi (1945) et Nelson (1944) qui est basée sur la mesure des sucres réducteurs.

Pour le dosage de la cellulase on utilise comme substrat le carboxyméthylcellulose (CMC) ; pour l'amylase : l'amidon et pour la xylanase : le xylane.

Pour chaque échantillon on réalise 3 essais et un témoin substrat (constitué de 0,1ml de tampon au pH du sol et de 0,3 ml de substrat) ainsi qu'un témoin enzyme (300 mg de sol, 0,1 ml de tampon et 0,3 ml d'eau).

Les essais sont constitués de 300 mg de sol, 0,1 ml de tampon et 0,3 ml de substrat. Tous les épendorfs sont incubés sous agitation pendant 2 heures à 37 °C. Puis on centrifuge 3 minutes à 10000 t/min et on prélève 0,25 ml de surnageant que l'on place dans un tube en verre. La réaction est arrêtée avec 0,5 ml de Somogyi (dilué au ½) puis les tubes sont bouchés au coton cardé, vortexés et mis à bouillir 20 minutes. Ils sont ensuite refroidis brutalement puis on ajoute 0,25 ml de Nelson et enfin 4 ml d'eau. Après avoir vortexé les tubes, la DO est mesurée à 650 nm. L'unité (U) est exprimée en µg de sucres réducteurs libérés par heure. L'activité enzymatique (A) correspond à U/ g de sol sec.

3. Dosage des hétérosidases

Nous avons choisi de doser 2 substrats : PNP β-glucoside et le PNP N-acétyl glucosamine.
Trois essais, un témoin substrat (0,1 ml de tampon au pH du sol, 0,2 ml de substrat PNP) et un témoin enzyme (100 mg de sol, 0,1 ml de tampon, 0,2 ml d'eau) sont réalisés pour chaque échantillon. Les essais sont constitués de 100mg de sol, 0,1 ml de tampon et de 0,2 ml de substrat. Les ependorfs sont ensuite incubés à 37°C sous agitation pendant 1 heure puis centrifugé à 10000t/min pendant 3 minutes. On prélève ensuite 200 µl de surnageant et pour stopper la réaction on alcalinise le milieu en introduisant 3 ml de carbonate de sodium (Na_2CO_3) (0,2 M). Après avoir vortexé les tubes, la lecture s'effectue à 400 nm. L'unité (U) s'exprime en µg de phénol libéré par minute. L'activité enzymatique (A) en U/g de sol sec.

4. Dosage des activités uréases

Cette enzyme est impliquée dans le cycle de l'azote. Elle hydrolyse l'urée en ammoniaque et en CO_2 selon la réaction : $NH_2CONH_2 + H_2O \longrightarrow CO_2 + 2 NH_3$

Le dosage est effectué selon la technique de Kandeler et Gerber (1988) qui utilise l'urée comme substrat. Après incubation, l'ammoniaque produit par l'hydrolyse de l'urée est dosé par un réactif contenant du dichloroisocyanurate.

Les activités enzymatiques sont exprimées en unité (U) qui correspond à la quantité d'azote libérée (en µg) par gramme de sol sec et par heure.

5. Dosage des arylsulfatases

Ces enzymes sont impliquées dans le cycle du souffre. Elles catalysent l'hydrolyse de la liaison ester entre le sulfate et un composé phénolique.

Les arylsulphatases sont des enzymes, libérées principalement par les champignons (Bandick et Dick, 1999), elles sont responsables de la libération, à partir des sulfates organiques, des ions sulfates assimilables par la végétation et les microorganismes.

Le dosage est réalisé selon la technique de Tabatabai and Bremner (1970) à partir d'un substrat synthétique le PNP-sulfate. L'activité enzymatique est basée sur le dosage des PNP libérés dans le milieu sous l'action de l'enzyme. Elle est exprimée en μg de phénols produits par heure et par gramme de sol.

VI. Analyse statistique

Toutes les données ont été traitées à l'aide du logiciel Statistica. Nous avons réalisé des tests d'analyse de variance (ANOVA) au risque d'erreur de 5% pour comparer les différents traitements.

Résultats et discussions

Chapitre 1 :

Effet de l'ajout du compost sur le développement de deux plantes

I. Effet de l'ajout du compost sur la croissance végétale de la véronique de perse et d'une variété de blé tendre

1. Introduction

Le compost « Vert Compost » est, d'après la fiche commerciale du produit (Annexe 1), susceptible d'augmenter considérablement la croissance des plantes. Nous avons voulu, dans un premier temps, chiffrer le taux d'amélioration de croissance en utilisant deux plantes, courantes en région parisienne, de familles différentes et dont les besoins en eau et en nutriments ne sont pas les mêmes.

D'une part une variété de blé tendre d'hiver inscrite depuis 1998 et commercialisé sous le nom d'APACHE (fiche technique en annexe 4), d'autre part, une plante annuelle commune à l'ensemble de la France : la Véronique de Perse (Veronica persica). C'est une plante originaire du sud ouest de l'Asie, elle appartient à l'ordre des Scophulariales, famille des Scrophulariacées, c'est une espèce indifférente aux types de sols et très fréquente dans les jardins publics ou privés.

2. Résultats

L'expérience a été menée dans des pots disposés sur le terrain du centre IRD d'Ile de France (93140- Bondy) dans des conditions naturelles, selon le protocole décrit dans le chapitre précédent (page 29). Les résultats de cette expérience sont détaillés en annexe 7.

3. Effet sur la croissance de la Véronique de Perse

(Figure 2, Photo 4)

La photo 4 montre clairement l'effet positif du compost sur la croissance de la Véronique de Perse, autre que la couleur vive des plantes en présence du compost qui traduit une meilleur disponibilité de l'azote, la biomasse aérienne comme la biomasse racinaire sont significativement plus élevées dans les pots contenant du compost que dans les pots qui en sont dépourvus. Le poids sec total des plantes qui ont poussée en présence du compost est en moyenne 2,90g, alors qu'il ne dépasse pas les 1,20g pour les témoins. Le compost a donc favorisé considérablement la croissance de la véronique de Perse dans ses premiers stades de développement. Cette augmentation est plus marquée pour les parties racinaires (environ 3 fois plus) que pour les parties aériennes (2,5 fois plus).

Photo 4 : Effet du compost sur la croissance de la véronique de perse et du blé

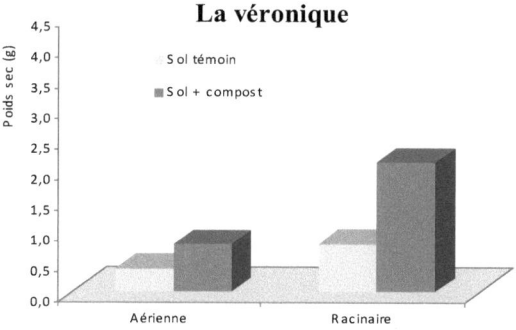

Figure 2 : Effet de l'ajout du compost sur la croissance de la véronique de Perse

4. Effet sur la croissance du blé

(Figure 3, Photo 4)

Comme précédemment, une forte augmentation de la biomasse totale est observée, elle est en moyenne de 2,77g dans les témoins alors qu'elle dépasse les 6,50g en présence du compost. Contrairement à ce qui a été enregistré pour la Véronique, dans le cas du blé, c'est la biomasse aérienne produite en présence de compost qui est nettement plus augmentée (presque 4 fois plus) que la biomasse racinaire (2 fois plus).

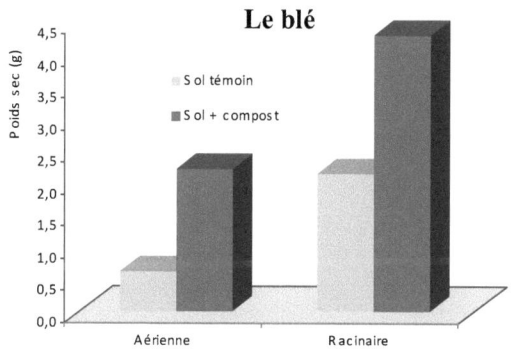

Figure 3 : Effet de l'ajout du compost sur la croissance du blé

5. Discussion

L'efficacité de l'ajout du compost vert à des cultures a été ici clairement démontrée. Cet impact sur la croissance a été également observé avec d'autres types de composts (Alvarez et al., 1995 ; Wong et al., 1999). El Hanafi Sebti (2006) a montré que l'ajout d'un compost fabriqué à partir de déchets de thé a eu des effets positifs sur le rendement de la tomate : la biomasse végétale, le nombre de fruits et le poids des racines ont été augmentés par rapport aux témoins. Par ailleurs, Lee et al. (2003) ont étudié la croissance de la laitue *(Lactura satira)* en présence d'un compost à différentes concentrations, dans le meilleur cas ils ont obtenu une croissance de la plante 2 à 3 fois plus importante en présence du compost par rapport aux témoins au bout de 6 semaines d'expérience. L'effet positif du compost sur la croissance végétale est dû principalement à l'amélioration de la qualité physicochimique et biologique du sol, du rythme de diffusion des nutriments et la capacité de rétention d'eau. Les végétaux plantés dans un milieu de croissance contenant du compost sont plus forts et ont un meilleur rendement. Le compost ajoute non seulement de la matière organique au sol mais aussi des éléments traces tels que le fer, le manganèse, le cuivre, le zinc et le bore, nécessaires à la croissance des végétaux (Duplessis, 2002).

L'effet du compost vert utilisé pour cette étude sur la croissance végétale est beaucoup plus important que celui observé par les autres auteurs, pourtant la composition organique et minérale de ce compost par rapport aux autres composts commerciaux n'est pas très différente (cf. tableaux en annexe 2 et 3). C'est pourquoi, la société Vert Compost a pensé que cette efficacité accrue de leur compost devait être recherchée dans la composition des communautés microbiennes du compost qui agirait sur le fonctionnement biologique du sol en favorisant la minéralisation de la M.O. et donc l'incorporation de nutriments par les plantes. C'est ce que nous avons testé dans les chapitres suivants.

Chapitre 2 :

Evolution des communautés microbiennes au cours du processus de maturation du compost

Si la composition chimique du compost mature est connue, sa composition microbienne restait inconnue. C'est l'objet de ce chapitre qui s'attache non seulement à déterminer les communautés microbiennes du compost commercial mais également à la mise en place de ces communautés au cours du processus de compostage.

Cette étude a donc porté sur trois stades dans la formation du compost, un compost jeune de 3mois (C3), un compost intermédiaire de 5 mois (C5) et un compost mature de 12 mois (C12). Les techniques d'échantillonnage sont décrites dans le chapitre matériel et méthode.

I. Evolution du pH et du taux d'humidité dans le compost au cours du temps

1. Le pH

Le pH qui est proche de la neutralité dans les composts jeune (C1) et intermédiaire (C5) se basifie nettement au cours du temps pour atteindre une valeur voisine de 9 donc très alcaline au bout d'un an (figure 4, tableau en annexe 7). On remarque également que pour des prélèvements de même âge, plus le compost est jeune plus les écarts entre les pH sont élevés. Ces différences de pH ont tendance à disparaître avec le temps. Donc à partir d'un déchet vert très diversifié, grâce au processus de compostage on obtient un produit final (C12) plus stable et plus homogène.

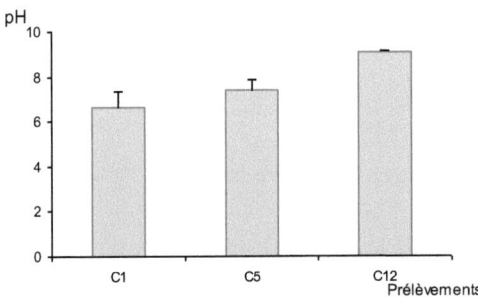

Figure 4 : Evolution du pH au cours du compostage

2. L'humidité relative

Le taux d'humidité diminue significativement au cours du temps, supérieur à 60% dans le compost jeune (C1), il n'est plus que de 40% dans le compost âgés de 12 mois (figure 5, tableau en annexe 7). Dans le compost intermédiaire, sa valeur est moins stable et varie entre 45 et 55%.

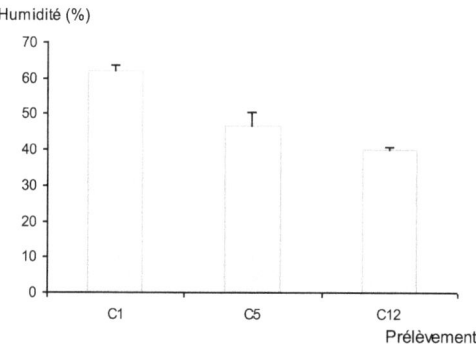

Figure 5 : Evolution de l'humidité au cours du compostage

II. Evolution de la densité et de la diversité microbiennes au cours du processus du compostage

3. Numération des communautés microbienne

Au cours du processus de compostage, la microflore bactérienne diminue considérablement, les résultats sont représentés dans la figure 6. Bien qu'il existe une variabilité non négligeable entre les différents prélèvements, on peut constater que la densité microbienne totale diminue au cours du compostage. Par ailleurs, la densité bactérienne est toujours plus élevée que les densités fongique et actinomycétale quelque soit l'âge du compost. Cependant, les communautés de microorganismes évoluent différemment au cours du temps.

a. *Communautés fongiques*

Le comptage sur boîtes de pétri des communautés fongiques montre qu'il existe un net appauvrissement en champignon du compost âgé (C12) par rapport au compost jeune (C1) ou intermédiaire (C5).

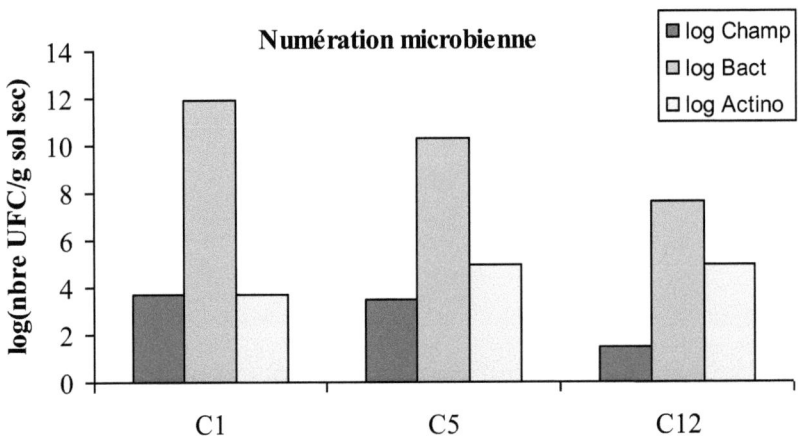

Figure 6 : Evolution de la densité microbienne en fonction de l'âge du compost

Ceci est en accord avec les mesures d'humidité et de pH. En effet les composts jeunes présentent des conditions environnementales (pH faible et forte humidité) très favorables au développement fongiques ce qui n'est plus le cas (pH élevé et faible humidité) dans les composts matures.

b. *Communautés bactériennes*

La microflore bactérienne totale diminue considérablement au cours de la maturation du compost puisqu'elle passe de **$8,73.10^{11}$** dans le compost jeune (C1) à **$2,15.10^{10}$** dans le compost intermédiaire (C5) puis elle est 500 fois inférieure dans le compost mature (C12) par rapport au C5.

Les communautés actinomycétales sont la seule population microbienne dont la densité augmente au cours de la maturation, elles sont 20 fois plus nombreuses dans le compost mature que dans le compost jeune.

Par ailleurs, la composition en microorganismes du compost évolue également au cours du temps (figure 7). Si, dans les composts jeune et intermédiaire, la part représentée par les communautés fongiques est relativement importante (±19%), elle ne représente plus que 10% dans le compost mature, inversement la population actinomycétale prend une part plus importante puisqu'elle passe de 19% dans le compost jeune à 35% dans le mature.

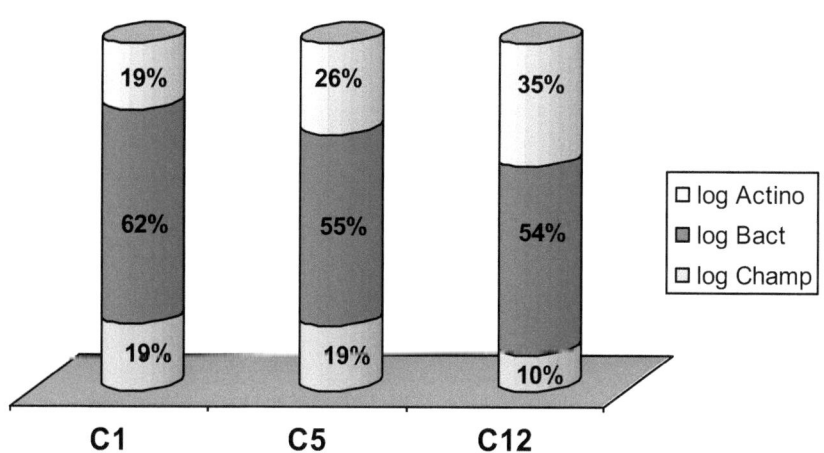

Figure 7 : Evolution du pourcentage des différents groupes microbiens au cours de la maturation du compost

D'autre part, malgré la légère baisse de la densité de la population bactérienne (8%) entre C1 et C12, celle-ci reste majoritaire par rapport aux autres microorganismes quel que soit l'âge du compost.

4. Etude de la diversité fongique et évolution fonctionnelle au cours de la maturation

Il est important de signaler qu'il existe non seulement une diversification des morphotypes fongiques au cours de la maturation mais également entre les prélèvements effectués au sein d'un compost de même âge. Cependant ces variabilités internes sont plus quantitatives que qualitatives et ne perturbent pas le reste de notre analyse.

a. Souches cultivables

Les morphotypes isolés par compost ont été au nombre de 16, 9 et 7 dans respectivement le C1, le C5 et le C12. Le nombre de souches isolées par échantillon est significativement corrélé à la biomasse fongique des différents échantillons de sols (R=0.951, n=3 et p<0.01). Cela indique que plus la densité en champignons cultivables est élevée dans un compost plus la diversité de l'échantillon est importante.

Les souches majeures isolées par compost ont été au nombre de 5, 5 et 4 dans respectivement le C1, le C5 et le C12 (Tableau 6).

Souche	C1	C5	C12
VD	77,3	42,8	0,5
VJ	6,7	17,2	0
BB	6,5	12,2	20,2
NF	4,3	10,4	46,6
MJ	1,2	11,4	0
NC	0	0	26,7

Tableau 6 : Pourcentage des différents morphotypes fongiques dans les composts

La structuration de ces communautés fongiques cultivables varie d'un compost à l'autre, il existe plus de morphotypes communs entre les composts C1 et C5 qu'avec le compost C12.
Les souches VJ et MJ, minoritaires dans le C1, gagnent en abondance dans le C5 puis disparaissent dans le compost mature, alors que la souche N qui représente 30% des souches

majoritaires du compost C12, est totalement absente dans les composts jeunes et intermédiaires.

Au cours du processus de maturation du compost, les deux souches BB et NF sont de plus en plus abondantes, elles passent respectivement de 7 % et 5 % dans le compost jeune à 22 % et 47 % dans le compost mature. Enfin, la souche VD très majoritaire dans le C1 perd de son abondance dans le C5 et devient très minoritaire dans le C12.

b. *Place taxonomique des isolats sélectionnés*

A partir du séquençage de la région ITS1-5,8S-ITS2 de l'ADNr et par comparaison avec les souches déjà répertoriées dans la base de données Gen bank, nous avons pu déterminer la place taxonomique des souches majeures.

- La souche VD présente une homologie de séquence de 97% avec une souche du genre *Trichoderma sp.*
- La souche VJ correspond à *Penicillium bilaiae,* avec une homologie de 98%.
- La souche BB présente une homologie de séquence de 96% avec une souche du genre *Mortierella sp.*
- La séquence de la souche NF à montré qu'il s'agit d'*Aspergillus flavus* avec une homologie de 98%.
- La souche MJ correspond à *Penicillium expansum* avec une homologie de 95%.
- Enfin, le séquençage de la souche NC a montré qu'il s'agit d'*Aspergillus niger* avec une homologie de 99%.

Toutes ces espèces de champignons sont extrêmement communes dans le sol et le compost mais il en existe de nombreuses souches, décrites dans la littérature, qui présentent des métabolismes différents. C'est pourquoi nous avons entrepris de déterminer les capacités enzymatiques de ces souches afin de préciser leur rôle dans le compost.

c. *Caractérisation fonctionnelle des souches*

Enzymologie

L'équipement enzymatique de 5 souches fongiques sélectionnées par leur abondance et leur présence au cours des différents stades du processus de compostage, a été analysé à l'aide du test API-Zym (Biomérieux) qui permet de révéler les capacités d'hydrolyse des souches sur les molécules de faible poids moléculaire (Tableau 7).

L'analyse des résultats obtenus montre que l'ensemble des souches étudiées se caractérise par une activité faible ou nulle sur la plupart des substrats testés, seules les phosphatases, alcalines et acides, dont les activités sont liées au métabolisme des microorganismes, sont élevées pour les 5 champignons.

Les souches *Trichoderma sp.* (VD) et *Penicillium bilaiae* (VJ) majoritaires dans les composts jeunes ont des potentialités enzymatiques moins importantes que les souches *Aspergillus flavus* (NF), *Aspergillus niger* (NC) et *Mortierella sp.* (BB) caractéristiques du compost mature.

ENZYMES	SOUCHES				
	VD	VJ	NF	NC	BB
Phosphatase alcaline	4	3	1	3	3
Estérase CA	2	0	1	3	1
Estérase-Lipase CB	0	0	1	1	0
Lipase	0	0	0	0	0
Leucine arylamidase	0	0	2	0	0
Valine arylamidase	0	0	0	0	0
Cystine arylamidase	0	0	0	0	0
Trypsine	0	0	0	0	0
α-chymotripsine	0	0	0	0	0
Phosphatase acide	4	5	4	4	3
Naphtol AS-Bi phosphohydrolase	3	4	5	3	0
α-galactosidase	0	0	0	1	2
ß-galactosidase	0	0	0	0	0
ß-glucuronidase	0	0	0	0	0
α-glucosidase	1	3	0	2	0
ß-glucosidase	2	2	3	4	0
N-acetyl-glucosaminidase	3	2	3	2	0
α-mannosidase	0	0	0	0	0
α-fucosidase	0	0	0	0	0

Tableau 7 : Activités enzymatiques des souches fongiques majeures des 3 composts

Les 2 souches *Trichoderma sp.* et *Aspergillus niger* (NC) présentent de fortes activités ß-glucosidases et N-acétyl–glucosaminidase, alors que la souche *Aspergillus flavus* (NF) se caractérise par une forte activité a-glucosidases, ce qui traduit – pour ces trois souches - des capacités élevées à utiliser pour leur métabolisme les sucres issus de la dégradation de l'amidon (substance de réserve des végétaux), de la cellulose (constituant principal de la paroi des plantes) et de la chitine (constituant des parois fongiques) tout au long du processus du compostage.

Aucune activité Estérase-Lipase CB et a-galactosidase n'a été trouvée pour les souches *Trichoderma sp.* (VD) et *Penicillium bilaiae* (VJ) majoritaires dans les composts jeunes, alors que les souches *Aspergillus niger* (NC) et *Mortierella sp.* (BB) majoritaires dans le compost mature ont ces capacités enzymatiques, la souche *Aspergillus flavus* (NF) abondante également dans le compost mature est la seule souche à avoir une activité Leucine arylamidase importante.

La souche *Aspergillus niger* (NC), présente uniquement dans le compost mature, est caractérisée par les plus fortes potentialités enzymatiques alors que la souche BB présente la capacité enzymatique la plus faible.

Capacité à utiliser différents polysaccharides comme substrat de croissance

L'étude des capacités des différents isolats à dégrader *in vitro* les polymères polysaccharidiques a été effectuée sur 4 souches : une souche caractéristique du compost jeune et intermédiaire *Trichoderma sp.*, deux souches présentes à tous les stades du compostage (*Aspergillus flavus* et *Mortierella sp.*) et une souche présente uniquement dans le compost mature (*Aspergillus niger*). Les résultats sont résumés dans le tableau 8.

SUBSTRATS	C1	C12		
	VD	NF	NC	BB
Cellulose microcristalline	++	0	++	0
Xylane	++++	+++++	++	0
Mannane	++	+	+	+
Tannins	++	0	0	0

Tableau 8 : Capacités des souches fongiques majeures des composts C1 et C12 à utiliser des macromolécules végétales pour leur croissance

La souche *Trichoderma sp.* (VD) qui est très abondante dans les composts jeunes présente une bonne croissance sur tous les milieux testés, c'est une souche généraliste capable de dégrader plusieurs substrats d'où son importance dans le C1 et C5 (tableau 8).

La souche *Aspergillus flavus* (NF) a une faible capacité à utiliser le mannane comme substrat de croissance alors qu'elle se développe en présence de xylane. La souche *Mortierella sp.* (BB) ne s'est développée que sur un seul milieu, celui contenant du mannane, et ce de façon très limitée.

Malgré ses capacités enzymatiques importantes sur les molécules de faible poids moléculaire (cf. tableau 7), la souche *Aspergillus niger* (NC) n'a pas pu se développer que faiblement dans 3 milieux sur 4.

Peu de ces souches se sont révélées capables d'utiliser les composés aromatiques (tannins) pour leur croissance. Seule la souche *Trichoderma sp.* (VD) caractéristique des premières étapes de compostage a pu se développer sur les tannins. Son utilisation par cette souche pour sa croissance a entraîné une forte décoloration du milieu.

d. *Comparaison entre les capacités fonctionnelles des composts C1 et C12*

Afin de mieux comprendre les modifications fonctionnelles dues aux champignons au cours de la maturation du compost. Nous avons regroupé par grande fonction les enzymes étudiées :

⇨ Métabolisme du phosphate (Phosphatases acides + alcalines)

⇨ Dégradation des végétaux secs (xylane, cellulose, ß-glucosidase)

⇨ Dégradation des végétaux verts (α-mannane, mannane, α-glactoside, ß-galactoside)

⇨ Chitinolyse (N-acétyl-glucosamine)

⇨ Hydrolyse des phénols (tannins)

⇨ Lipolyse (estérase, estérase-lipase, lipase)

⇨ Protéolyse (leucine, valine, cystine, trypsine, α-chimoptrypsine)

Les activités obtenues dans chaque catégorie sont additionnées pour chacune des souches isolées en tenant compte de leur importance quantitative dans le compost.

Le premier résultat est que les communautés fongiques du compost C1 sont plus de vingt fois plus actives que celles du compost C12. Cette supériorité existe pour toutes les fonctions à l'exception de la fonction protéase qui n'est réalisée que dans le compost C12.

Au cours de la maturation, la part relative des différentes fonctions évolue peu, sauf l'hydrolyse des phénols qui devient très faible (<4%) dans le compost C12 (figure 8).

Ainsi, si les capacités d'hydrolyse des populations fongiques sont plus importantes dans le compost jeune que dans le compost mature, il n'existe que peu de différences qualitatives en ce qui concerne le cycle du carbone ou du phosphore, par contre on voit apparaître dans le compost âgé des activités du cycle de l'azote (protéolyse principalement) qui n'avaient pas été détectées dans le jeune compost.

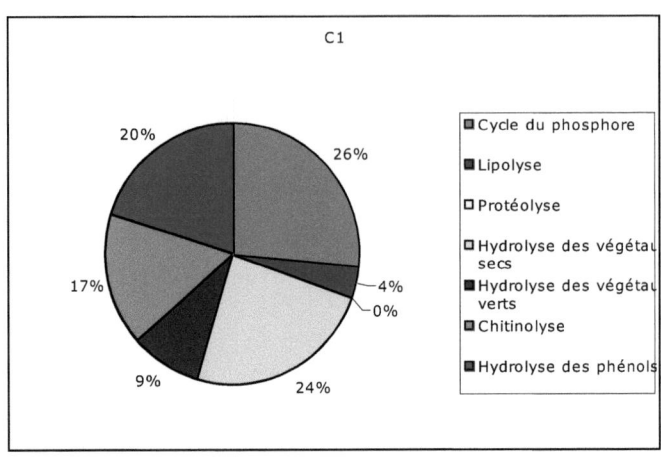

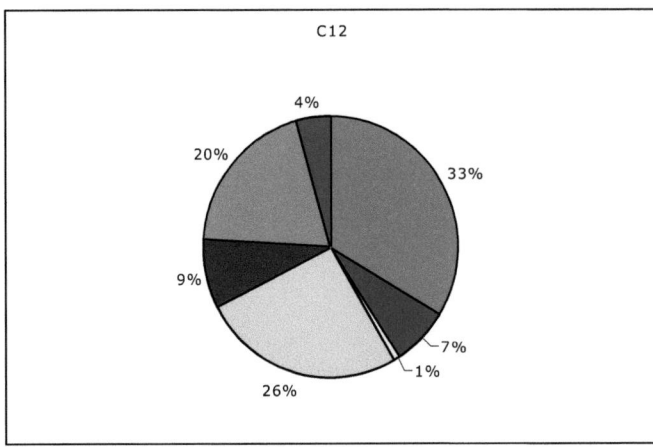

Figure 8 : Comparaison entre les capacités fonctionnelles des champignons dans les composts C1 et C12

5. Etude de la diversité actinomycétale et évolution fonctionnelle au cours de la maturation

Compte tenu du fait que les actinomycètes se sont révélés être les seuls composants de la microflore à devenir proportionnellement plus important dans les composts matures que dans les composts jeunes, il nous a paru intéressant d'essayer de traiter indépendamment cette population bactérienne filamenteuse. Pour cette étude, seule les populations actinomycétales des composts jeunes et matures ont été considérées.

a. *Diversité morphotypique de la flore cultivable*

(Photos 5 et 6, annexe 8)

Les morphotypes isolés par compost ont été au nombre de 6 et 8 dans respectivement le C1 et le C12. Aucune souche commune aux deux composts n'a été détectée.

Beaucoup de ces souches sont rares et ne sont retrouvées qu'à un seul exemplaire et dans une seule boîte. Par contre 3 souches dans le compost C1 et 4 dans le C12 sont fréquentes et représentent pour chacun des échantillons plus de 95% de l'ensemble des isolats (Photos 6 et 7). Les 3 souches isolées à partir du compost jeune JB1, JB2 et JMV', représentent respectivement 19, 52 et 27 % de la population totale d'actinomycètes. Les 4 souches, MN, MN', MB et MBg représentent environ respectivement 28, 21, 32 et 17% des actinomycètes totaux du compost C12.

En raison de graves problèmes de contamination dans le laboratoire, après leur étude fonctionnelle, les souches ont été perdues et nous n'avons donc pas pu déterminer leur place taxonomique. De nouveaux isolements, actuellement en cours, devraient nous permettre de bientôt nommer ces souches.

b. *Caractérisation fonctionnelle des souches*

Dégradation des aromatique

Les actinomycètes étant connus pour leurs fortes capacités à dégrader la majeure partie des macromolécules végétales, nous avons préféré les sélectionner par rapport à leurs éventuelles aptitudes à la dégradation des polluants. Pour cela, nous avons effectué des cultures des 7 souches majeures en milieu liquide avec des tannins comme seule source de carbone puis nous avons mesuré leur dégradation par les différentes souches. Cette dégradation entraîne une décoloration du milieu de culture que l'on peut mesurer au spectrophotomètre (Photo 7, annexe 8).

Seules les souches MN' et MBg et dans une moindre mesure la souche JB1 se sont révélées capables de métaboliser ces composés aromatiques.

Enzymologie

Cette étude a été réalisée sur les 3 souches sélectionnées sur tannins. Des galeries API Zym ont été utilisées. Les résultats sont donnés dans le tableau 9.

La souche MN' se distingue des deux autres souches pour son aptitude à hydrolyser l'ensemble des substrats saccharidiques proposés (exception faite de l'α-fucoside).

ENZYMES	C1	C12	
	JB1	MBg	MN'
Phosphatase alcaline	5	5	5
Estérase CA	2	2	2
Estérase-Lipase CB	2	1	3
Lipase	0	0	0
Leucine arylamidase	4	2	5
Valine arylamidase	3	1	2
Cystine arylamidase	0	0	0
Trypsine	0	1	0
□-chymotripsine	1	0	1
Phosphatase acide	5	5	5
Naphtol AS-Bi phosphohydrolase	3	5	5
□-galactosidase	1	1	4
ß-galactosidase	2	4	1
ß-glucuronidase	0	0	3
□-glucosidase	4	3	3
ß-glucosidase	0	5	4
N-acetyl-glucosaminidase	1	5	5
□-mannosidase	2	2	2
□-fucosidase	0	0	0

Tableau 9 : Activités enzymatiques des souches actinomycètes majeures des composts jeune et mature

c. *Comparaison entre les capacités fonctionnelles des composts C1 et C12*

Selon la même méthode que pour les communautés fongiques cultivables, les capacités des deux composts à réaliser les différentes fonctions métaboliques listées précédemment (cycle du phosphore, lipolyse, protéolyse, hydrolyse des végétaux secs, hydrolyse des végétaux verts, chitinolyse, hydrolyse des phénols) ont été déterminées. On observe tout d'abord que la microflore actinomycétale du compost C12 est environ deux fois plus active que celle du compost C1. Cette observation est valable pour l'ensemble des substrats testés.

La part relative des différentes fonctions a également été déterminée (Figure 9). Dans le compost C12, les actinomycètes participent de façon beaucoup plus importante à la dégradation des différents composés végétaux (cellulose, hémicelluloses, tanins, paroi fongique...) que dans le compost C1.

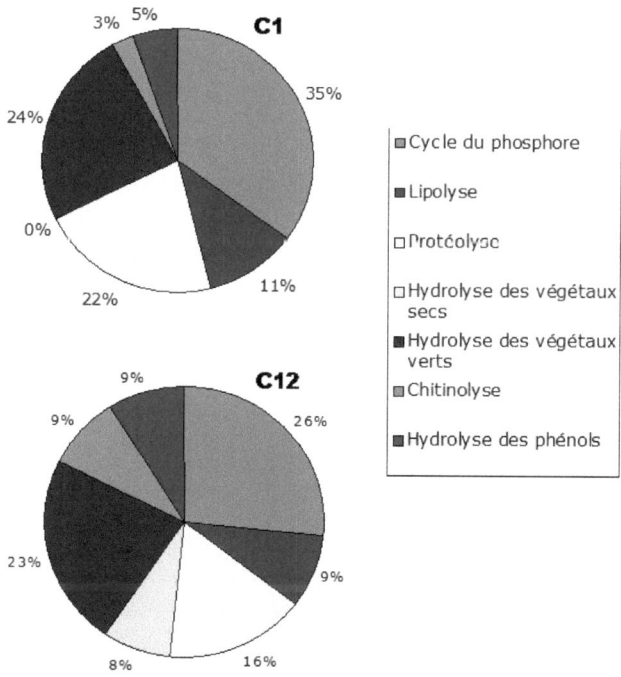

Figure 9 : Comparaison entre les capacités fonctionnelles des actinomycètes des composts jeune et mature

6. Evolution de la structure génétique des communautés bactriennes au cours de la maturation du compost

L'extraction d'ADN a été réalisée directement à partir des échantillons de compost C1, C5 et C12. L'ADN extrait a été quantifié à l'aide du Nanodrop (tableau. 10) puis amplifié par PCR, cette amplification nous permet d'avoir une quantité suffisante d'ADN pour effectuer une DGGE. La taille et la pureté des produits PCR obtenus sont vérifiées sur gel d'agarose 2%.

Sample ID	ng/uL	A260	260/280	260/230
11	833,51	16,67	1,79	1,47
12	1149,65	22,99	1,75	1,42
13	1212,05	24,24	1,77	1,56
21	1357,44	27,15	1,76	1,51
22	1177,12	23,54	1,80	1,57
23	1033,50	20,67	1,80	1,59
31	1231,14	24,62	1,75	1,40
32	1058,20	21,16	1,72	1,39
33	1006,75	20,14	1,74	1,40
T1	1384,91	27,70	1,75	1,43
T2	1025,24	20,51	1,69	1,27
T3	1473,88	29,48	1,74	1,39

Microcosmes → 1, 2, 3 ; Témoin

Tableau 10 : Vérification de la quantité d'ADN extrait (prélèvement P0)

Avant de faire migrer sur gel, les produits PCR sont quantifiés afin de déposer la même quantité d'ADN dans chaque puits et pouvoir comparer ensuite les profils électrophorétiques entre eux. Comme à chaque bande électrophorétique correspond une souche bactérienne, le nombre de bandes sur le gel traduit la diversité bactérienne de l'échantillon.

Tout d'abord il est intéressant de remarquer la fiabilité de la méthode, en effet les 4 répétitions externes (prélèvements indépendants) effectuées pour chaque âge de compost ont des profils totalement similaires pour un même échantillon.

La séparation des bandes sur le gel est très claire et permet de déterminer le nombre de souches bactériennes cultivables dominantes de nos échantillons (figure 10).

Globalement la diversité est plus importante dans les composts les plus jeunes que dans le compost âgé : 11 et 12 bandes pour respectivement C1 et C5 contre 7 bandes dans le C12.

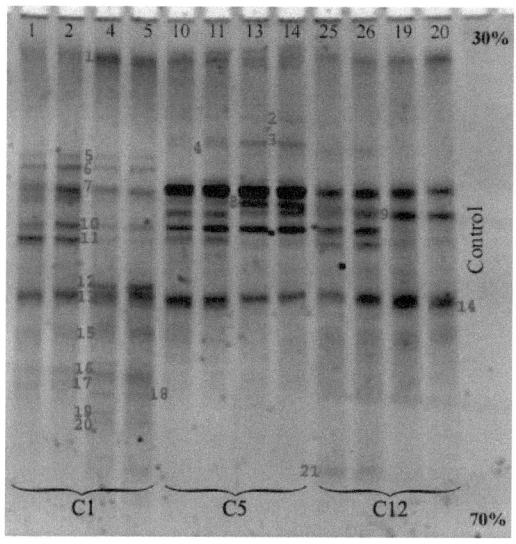

Figure 10 : Séparation des souches bactériennes par DGGE

Un dendrogramme de similarité qui tient compte de l'intensité des bandes a été réalisé pour chaque échantillon (UPGMA, ADE 4) (figure 11). Il indique clairement que les communautés microbiennes des deux composts jeunes sont plus proches entre elles que de celles du compost âgé.

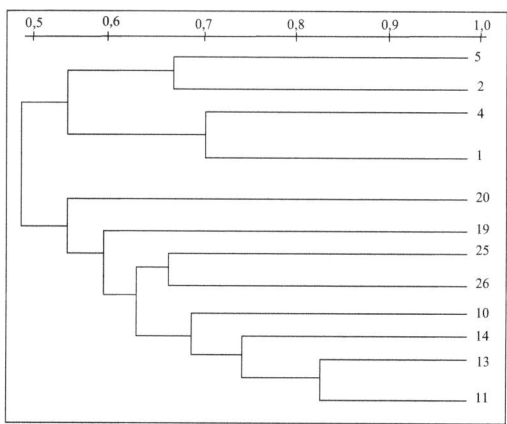

Figure 11 : Dendrogramme de similarité à partir du gel DGGE (fig. 10)

Plusieurs bandes correspondant à des souches caractéristiques de chaque âge de compost ont été repérées (figure 10). Deux bandes **11** et **13** sont denses dans le compost C1, la bande **11** disparaît du C5 et C12 alors que la **13** se maintient dans le C5 mais n'est plus présente dans le C12. Deux autres bandes **9** et **14** sont absentes du compost C1 et apparaissent progressivement du C5 au C12. Ces bandes qui correspondent à des souches bactériennes qui évoluent avec le compostage ont été découpées, réamplifiées puis séquencées en vue de leur détermination taxonomique.

Le séquençage de ces bandes a montré que :

* La séquence du fragment d'ADN de la souche migrant en position **11** présente 97% d'homologie avec la souche *Acidovorax sp.* (Gen Bank n°AY258065). Cette bactérie fait partie de la famille des Comamonadaceae. Cette souche bactérienne est susceptible de produire de la PHA dépolymérases, enzyme extracellulaire responsable de la dégradation des Poly (hydroxyalkanoate) s (PHAs) *(Feng et al., 2003)*. Ces polymères, issus de la pétrochimie, appartiennent à une famille de polyesters insolubles dans l'eau. Ils sont couramment utilisés dans l'industrie de l'emballage, de l'enrobage (bouteille, stylo, barquettes, sacs…). Les PHAs sont aussi des composés présents dans les pesticides ainsi que dans certains produits cosmétiques (Mahishi, 2001).

* La souche dont l'ADN migre en **13** présente une homologie de séquence de 98% avec une souche du genre *Leptothrix sp.* (Gen bank n°AB087576). C'est une souche Gram négatif thermophile, elle pousse de façon optimale en aérobie à des pH alcalins (pH 8,6) et à une température comprise entre 45 et 50°C ce qui est en accord avec les conditions de pH et de température du compost C12 dans lequel elle constitue une souche majeure. Dans ces conditions optimales de développement, elle produit de la PHB dépolymérase, enzyme qui dégrade le poly (3-hydroxybutyrate) (PHB) (Takeda et al., 1997). Ce polyester appartient à la famille des PHAs, décrite ci-dessus.

* Le séquençage de l'ADN migrant en position **9** montres 98% d'homologie avec la souche n°DS05973 répertoriée dans Gen bank. Cette souche appartient au genre *Flavobacterium sp.*. Les bactéries de ce groupe sont réputées pour avoir de fortes capacités de dégradation des hydrocarbures dans les sols pollués (Rahman and al., 2002).

* La bande **14** présente une homologie de séquence de 97% avec une souche non identifiée nouvellement enregistrée sur la base de données GenBank (n° DQ248274).

Cette souche a été trouvée dans des sols contaminés par le tétrachlorure de carbone (CCl_4) (Brinkman, et al., 2005). Le tétrachlorure de carbone est un produit chimique artificiel, on l'appelle également chlorure de carbone, tétrachlorure de méthane, tétrachlorométhane, ou benziform. C'est un agent très dangereux pour l'homme et les animaux. .Il a été employé dans la production des fluides et des propulseurs de réfrigération, pour des bidons d'aérosol, comme pesticide, comme liquide de nettoyage et agent dégraissant, dans des extincteurs et en solvant de tache. En raison de ses effets nocifs, ces utilisations sont maintenant interdites, il reste cependant encore utilisé pour quelques applications industrielles.

7. Discussion

Au cours du processus de compostage, les conditions physicochimiques subissent un changement profond. Le pH évolue en moyenne de 6,6 dans le compost jeune à 9 dans le compost mature, cette alcalinisation a déjà été également signalée par plusieurs auteurs comme Steger et al. (2006) qui ont enregistré une augmentation du pH de 5,4 à 8,5 au bout de 57 semaines de compostage de déchets verts mélangés à des déchets ménagers. Selon Mathur et al. (1993), un compost en fin de maturation est caractérisé par des valeurs élevées de pH.

La mesure du pH des différents prélèvements du compost jeune a cependant donné des valeurs très variables, dues à l'hétérogénéité des déchets d'origine, et au fur et à mesure du compostage, le compost devient de plus en plus homogène et donc les valeurs de pH présentent moins de variabilité. Ces mêmes observations ont été faites par Pullicino et al. (2006) sur la variation de la température au cours du compostage d'un mélange de divers déchets.

Le taux d'humidité baisse fortement au cours du compostage, le compost perd 20% de son humidité entre 1 et 12 mois. Les pertes d'eau peuvent même atteindre 25% dans certains processus (Mannix et al., 2000) entre le début et la fin du compostage. Cette perte en eau est due essentiellement à l'augmentation de la température et de l'activité microbienne. Elle est, par ailleurs, nécessaire au compostage car si l'humidité reste trop élevée, les échanges gazeux sont perturbés et l'utilisation de l'oxygène par les microorganismes limité ce qui entraîne une baisse de leur activité métabolique (Tiquia et al., 1995). A l'inverse, une humidité trop faible, provoque l'assèchement du compost et le freine également le métabolisme microbien.

La densité des communautés bactériennes et fongiques diminue au cours du compostage. Entre le C1 et le C12, environ 40% de bactéries et plus de 50% des champignons disparaissent. Cette baisse de la densité est liée principalement aux conditions physicochimiques du milieu et à la disponibilité en nutriments. En effet, durant les premiers stades de compostage, la présence d'une grande quantité de composés organiques biodégradables stimule la croissance microbienne et les activités enzymatiques (Castaldi et al., 2007), c'est la phase mésophile caractérisée par une augmentation progressive de la température et une forte production de chaleur suite au fort métabolisme microbien.

La qualité microbiologique des prélèvements C5 montre qu'ils ont été effectués au milieu de la phase de refroidissement, caractérisée par une recolonisation du compost par des microorganismes mésophiles et principalement des champignons, ce qui peut expliquer le fait qu'il n'y a pas de différence significative entre la densité fongique du C1 et C5.

Au cours du temps, la quantité de matières organique dégradable et l'humidité diminuent dans le compost, le pH devient alcalin et la compétition entre les microorganismes devient plus importante (phase de maturation), dans ces conditions la densité des microflores bactérienne et fongique subit une forte baisse (Klamer & Baat, 1998 ; Hassen et al., 2001 ; Pullicino et al., 2006).

Les souches fongiques majoritaires dans ce compost ont été isolées puis identifiées, il s'agit de six souches communes dans les sols et les composts, trois d'entre elle (*Trichoderma sp.*, *Penicillium bilaiae* et *Penicillium expansum*) disparaissent au cours de la maturation pour laisser place à trois autres (*Mortierella sp.*, *Aspergillus flavus* et *Aspergillus niger*) qui gagnent en abondance. Cette modification de la structure fongique est probablement à l'origine de certaines capacités catalytiques du compost mature comme l'activité protéase qui n'a été observée que dans des échantillons de C12. Ces souche sont, en effet, connues pour leur forte activité protéase (Rhodes et al. 1990 ; Totani et al. 2000), qui peut même être multipliée par 5 fois pour la souche *Aspergillus niger* si la pression de sélection est élevée (Chow Ching & Lebeault, 1991).

La technique DGGE a permis d'étudier de façon plus globale l'évolution de la diversité bactérienne au cours de la maturation du compost, cette évolution est parallèle à celle de la densité. Le nombre de souches bactériennes détectées est donc plus important dans le compost jeune que dans le compost mature, certaines souches se maintiennent ou apparaissent au cours de la maturation, d'autres disparaissent. Les raisons qui expliquent ces variations peuvent être les mêmes que celles évoquées ci-dessus (variation de l'humidité et du pH, baisse de matière organique biodégradable et compétition entre les souches microbiennes). Mannix et al. (2000) et Charest et al. (2003) ont également observé ces modifications de la structure de la communauté bactérienne au cours de la maturation de deux composts.

Parmi les souches qui se maintiennent, apparaissent ou gagnent en densité (bandes plus intenses sur le gel DGGE), quatre souches isolées puis séquencées montrent des caractéristiques particulièrement intéressantes. D'après la littérature, ces souches ont des capacités de dégradation de certains polluants comme les hydrocarbures et les plastiques. Ces souches, fréquentes dans le sol, ont sans doute été soit sélectionnées à partir du milieu environnant soit introduit de façon involontaire avec certains des déchets verts utilisés. Le processus de compostage a probablement favorisé la croissance de ces souches, ce qui a donné au compost mature les capacités dépolluantes décrites par la société Vert Compost qui commercialise ce produit.

Chapitre 3 :

Impact de l'ajout du compost sur l'activité et la diversité de la microflore tellurique

L'action bénéfique du compost vert sur la croissance végétale de deux plantes a été clairement démontrée dans le chapitre 1, or l'étude des caractéristiques physicochimique et biologique du compost au cours de sa maturation a montré une perte d'activité enzymatique et une diminution de la densité fongique et bactérienne. Dans ce chapitre, on a voulu savoir si l'action du compost mature était due à une interaction entre les microflores du compost et tellurique.

La nature du sol utilisé étant essentielle, nous avons choisi d'effectuer cette expérimentation sur deux sols différents par leur texture et leur teneur en matière organique : un sol de pelouse plutôt argileux et riche en matière organique (centre IRD d' IDF de Bondy), sol B et un sol forestier sableux (Foljuif, 78) sol F.

I. Comparaison des propriétés physicochimiques et biologiques des deux sols étudiés

1. Propriétés physico-chimiques

Les propriétés des deux sols sont données dans le tableau 2. Le sol B se différencie nettement du sol F par sa forte teneur en argile, en phosphore et en carbone. Les deux sols sont relativement pauvres en azote (2,4g/kg pour le sol B et 1,12g/kg pour le sol F) ce qui donne des valeurs de C/N très différentes de **17,46** pour le sol B et **10,42** pour le sol F. Enfin, le sol B a un pH alcalin (8,2) alors que le sol F est nettement acide (5,2).

2. Caractéristiques biologiques

a. *Numération bactérienne par MPN*

Les populations bactériennes cultivables sont importantes dans les deux sols avec respectivement $3,58 \cdot 10^9$ et $2,4 \cdot 10^8$ UFC/g de sol pour les sols B et F. La densité bactérienne est cependant significativement plus faible dans le sol F que dans le sol B.

	Densité bactérienne (UFC/g sol)	Densité fongique (UFC/g sol)
Sol B	$3,58 \times 10^9$	$6,41 \times 10^4$
Sol F	$2,4 \times 10^8$	$6,83 \times 10^4$

Tableau 11 : Densités microbiennes des sols B et F

b. Numération fongique

Il n'existe aucune différence significative entre les deux sols qui présentent une population fongique de $6,41 \ 10^4$ UFC/g de sol pour le sol B et $6,83 \ 10^4$ UFC/g de sol pour le sol F.

c. Activités enzymatiques

Les activités enzymatiques sont exposées dans le tableau 11. Il apparaît qu'à l'exception des activités polysaccharidase (amylase, cellulase et xylanase), toutes les autres activités sont significativement plus élevées dans le sol B par rapport au sol F.

Activités enzymatiques	β-glu		Amyl		Cell		Xyl		ph ac		ph alc		N-ac-glu		Uréase		Aryl	
	Moy	ET	Moy	ET	Moy	ET	Moy	ET	Moy	ET	Moy	ET	Moy	ET	Moy	ET	Moy	ET
Sol B	3,42	0,15	0,13	0,07	0,10	0,08	0,18	0,11	2,04	0,45	3,68	0,74	0,06	0,01	1,08	0,25	5,55	0,12
Sol F	0,81	0,04	0,34	0,05	0,46	0,11	0,18	0,08	0,19	0,17	1,42	0,26	0,00	0,00	0,07	0,00	0,29	0,07

L'activité enzymatique est exprimée en U/g de sol sec/min. ß-glu : ß-glucosidase, Amyl : Amylase, Cell : Cellulase, Xyl : Xylanase, ph. ac : Phosphatase acide, ph. alc : Phosphatase alcaline, N-ac-glu : N-acetyl-glucosaminase, Aryl : Arylsulfatase

Tableau 12 : Activités enzymatiques des sols B et F

Les deux sols sélectionnés pour les analyses ultérieures présentent donc des caractéristiques physico-chimiques différentes.

En conclusion on peut considérer que le sol B est un sol plutôt « riche » alors que le sol F appartiendrait aux sols « pauvres ».

II. Evolution de la microflore tellurique en présence de compost

Des analyses préalables des activités phosphatases acides et alcalines (liée à l'activité de la biomasse microbienne) et ß-glucosidase nous ont montré qu'il y avait une stabilisation des activités enzymatiques au bout de 3 semaines (figures ci-dessous).

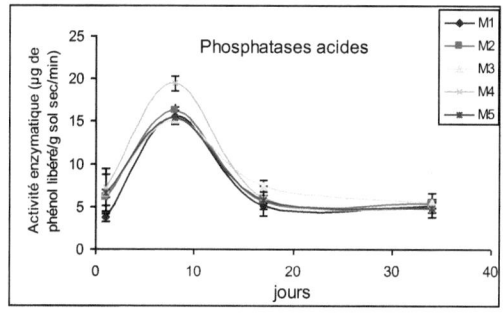

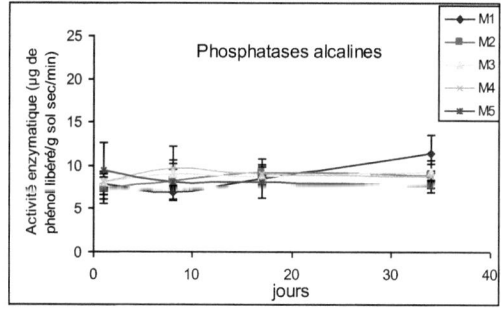

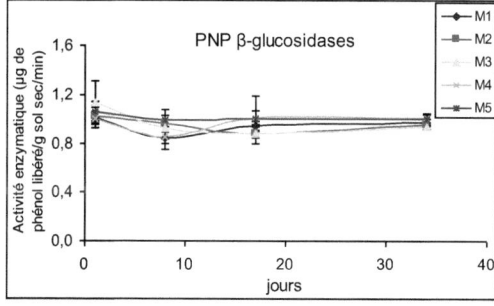

Figure 12 : Dosage des activités enzymatiques du sol

C'est pourquoi, le sol a été laissé pendant 3 semaines dans les microcosmes avant l'incorporation du compost.

Rappel : *Quatre prélèvements ont été analysés : avant d'incorporer le compost (sols B et F analysés ci-dessus), 1 jour après incorporation (P0), 1 mois après (P1) et 3 mois après (P3).*

On a ainsi :

* **SB** et **SF** pour désigner respectivement les sols B et sols F utilisés.

* **P0SBT, P1SBT** et **P3SBT**, correspondent respectivement aux témoins sol B (sans compost) 24 heures, 1 mois et 3 mois après le début de l'expérience.

* **P0SFT, P1SFT** et **P3SFT**, correspondent respectivement aux témoins sol F (sans compost) 24 heures, 1 mois et 3 mois après.

* **P0SB, P1SB, P3SB** correspondent respectivement aux microcosmes avec du sol B ayant reçu du compost, 24 heures, 1 mois et 3 mois après ajout du compost.

* **P0SF, P1SF, P3SF** correspondent respectivement aux microcosmes avec du sol pauvre ayant reçu du compost, 24 heures, 1 mois et 3 mois après ajout du compost.

1. Numération bactérienne

(Figure 13 ; annexe 9)

La densité bactérienne reste constante dans les témoins pendant toute la durée de l'expérimentation et est toujours supérieure dans le sol B que dans le sol F (test ANOVA au risque de 5%). Dans les deux sols, l'incorporation du compost provoque une augmentation de la densité bactérienne à 24h. Dans le sol F, cette augmentation de la densité ne se maintient pas et au bout de 3 mois il n'existe aucune différence significative entre la densité bactérienne des témoins et des microcosmes avec compost.

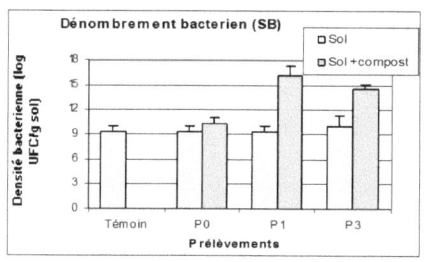
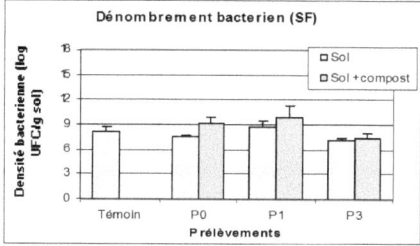

Figure 13 : Numération bactérienne avant et après l'ajout du compost

Pour le sol B, la densité bactérienne la plus importante est notée 1 mois après la fertilisation avec en moyenne $4,03.10^{16}$ UFC/g de sol et 74% d'augmentation par rapport aux témoins. Trois mois après, la densité bactérienne est encore 45% plus importante dans les échantillons de sol B mélangés avec le compost par rapport aux témoins.

2. Numération fongique

(Figure 14 ; annexe 9)

Contrairement à ce qui a été remarqué pour la densité bactérienne, il n'existe pas de différence significative entre les densités fongiques des deux types de sol.

L'apport de compost ne modifie pas significativement la densité fongique du sol. En effet, qu'il s'agisse du sol B ou du sol F, il n'existe aucune différence significative entre les densités fongiques des différents prélèvements P0, P1, P3 avec compost et de leurs témoins respectifs.

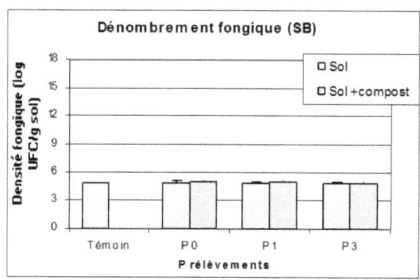
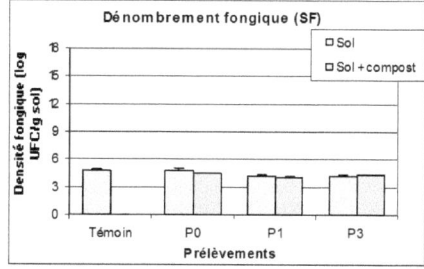

Figure 14 : Numération fongique avant et après l'ajout du compost

III. Effet de l'ajout du compost sur la diversité fonctionnelle de la microflore tellurique

(Figure 15 ; annexe 10)

La diversité fonctionnelle a été estimée par le dosage d'activités enzymatiques caractéristiques des cycles du phosphore, de l'azote et du carbone et du soufre.

1. Cycle du carbone

Une hétérosidase, la ß-glucosidase et 3 polysaccharidases, l'amylase, la cellulase et la xylanase ont été recherchées. (figure 15-a)

a. *ß-glucosidase*

Les activités *ß*-glucosidases sont beaucoup plus importantes dans le sol B que dans le sol F. Quel que soit le prélèvement, cette activité est plus importante dans les témoins que dans les sols fertilisés. Entre le P0 et le P3 on observe une augmentation progressive de l'activité *ß*-glucosidase dans les échantillons de sol B témoin et sol F avec du compost, alors que c'est l'inverse qu'on observe pour le sol F.

b. *Amylase*

L'apport du compost a été défavorable pour l'activité amylolytique du sol F. En effet, malgré une légère diminution de cette activité dans les microcosmes témoins entre le P0 et le P3, elle reste nettement inférieure dans les sols traités par rapport aux témoins.

Par ailleurs, 24 heures après son ajout, le compost a provoqué un effet immédiat sur l'activité amylase avec 70% d'augmentation dans les sols B traités. 1 mois après la fertilisation, et malgré une augmentation significative de l'activité amylase dans les microcosmes, il n'y a pas de différence significative entre les sols traités et les témoins, alors que les prélèvements P3 présentent une activité amylase beaucoup plus importante dans les sols qui ont reçu du compost par rapport aux témoins, ceux-ci malgré une baisse générale de cette activité par rapport au prélèvement P1.

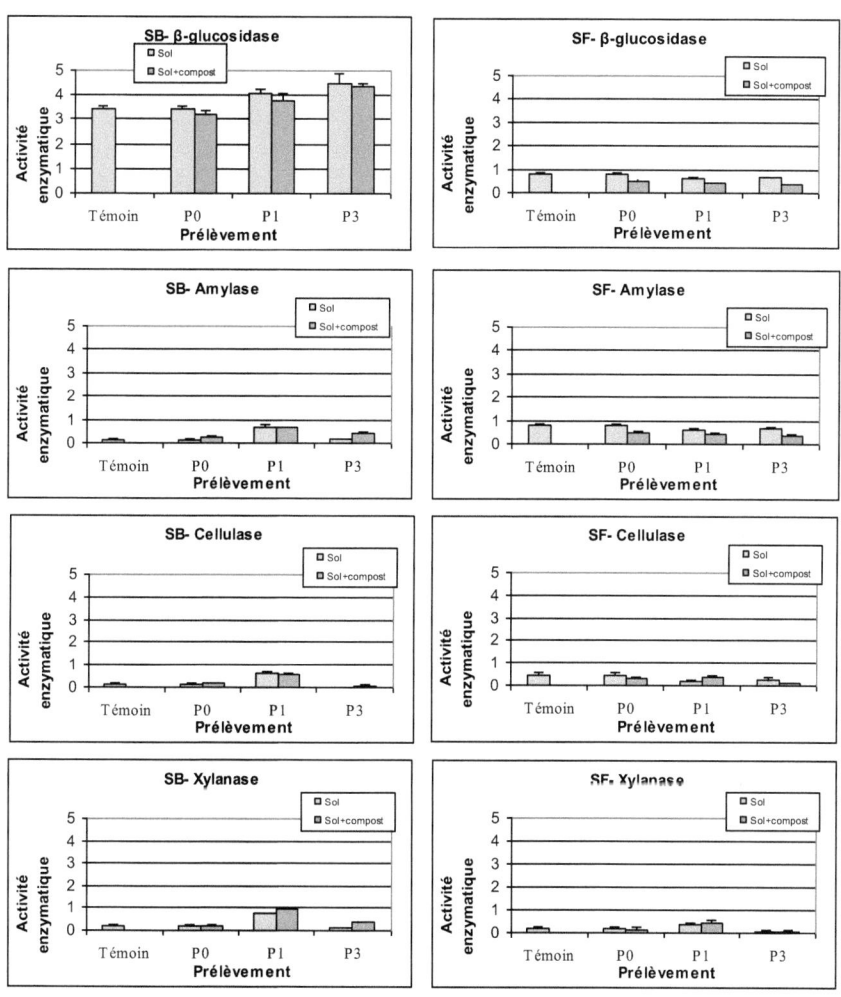

Figure 15-a : Évolution des activités ß-glucosidase, amylase, cellulase et xylanase après l'ajout du compost

c. *Cellulase*

24 heures après l'ajout du compost, on ne note pas de différence significative entre le sol riche témoin et le sol traité, l'effet du traitement sur l'activité cellulase n'est visible que dans le

prélèvement P3 avec une légère augmentation en présence du compost, ceux-ci, malgré une chute générale de cette activité entre P1 et P3.

D'autre part, l'ajout du compost a provoqué une baisse significative de l'activité cellulase du sol pauvre 24 heures et 3 mois après le mélange alors que c'est l'inverse qui est observé dans les prélèvements P1.

d. *Xylanase*

Les prélèvements P1 et P3 du sol riche montrent une activité xylanase significativement plus élevée dans les microcosmes ayant reçu du compost par rapport aux témoins, alors que, quel que soit le prélèvement, aucune modification significative n'a été observée après la fertilisation des échantillons de sol pauvre avec du compost.

2. Cycle du phosphore

(Figure 15-b)

a. *Phosphatase acide*

Bien qu'il y ait une évolution des activités phosphatase acide du sol riche au cours du temps, aucune corrélation ne peut être faite entre ces évolutions et la présence de compost puisqu'il n'existe pas de différences significatives entre les sols traités et les témoins.

L'effet du compost sur l'activité phosphatase acide du sol pauvre est détecté 24 heures après le mélange, cet effet se traduit par une augmentation très importante de cette activité enzymatique dans les microcosmes fertilisés, cet effet ne se maintien pas 1 mois et 3 mois plus tard car on n'observe pas de différences significatives entre ces activités dans les microcosmes traités et les témoins.

b. *Phosphatase alcaline*

Comme pour les phosphatases acides, il y a une évolution du sol riche au cours du temps mais cette évolution se fait en parallèle dans les microcosmes avec compost et les témoins, ne permettant donc de mettre en évidence aucune action de la présence de compost sur ces activités.

Quel que soit le prélèvement, l'activité phosphatase alcaline du sol pauvre est significativement plus élevée en présence du compost

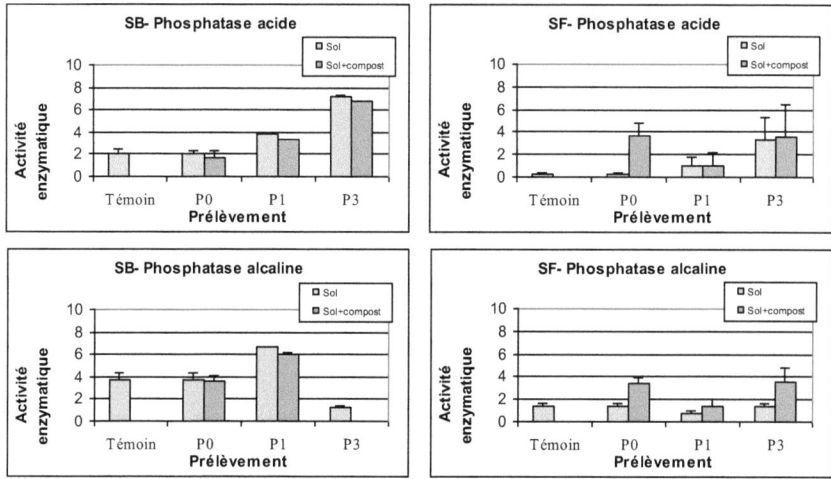

Figure 15-b : Évolution des activités phosphatases acides et alcaline après l'ajout du compost

3. Cycle de l'azote

(Figure 15-c)

a. *N-acétyl-glucosaminase*

Aucune activité de cette enzyme n'est observée dans le P0 du sol pauvre. L'activité N-acetyl-glucosaminase augmente ensuite dans les autres prélèvements, 24 heures et 3 mois après la fertilisation, elle est plus importante dans les microcosmes ayant reçu du compost par rapport aux témoins, alors que c'est l'inverse pour le prélèvement P1.

L'activité N-acetyl-glucosaminase est deux fois plus importante dans les échantillons de sol riche par rapport à ceux du sol pauvre, 24 heures et 1 mois après l'ajout du compost, cette activité est significativement plus élevée dans les sols fertilisés par rapport aux témoins, alors que dans le P3, on ne note pas de différence significative de ces activités dans les sols traités et les témoins.

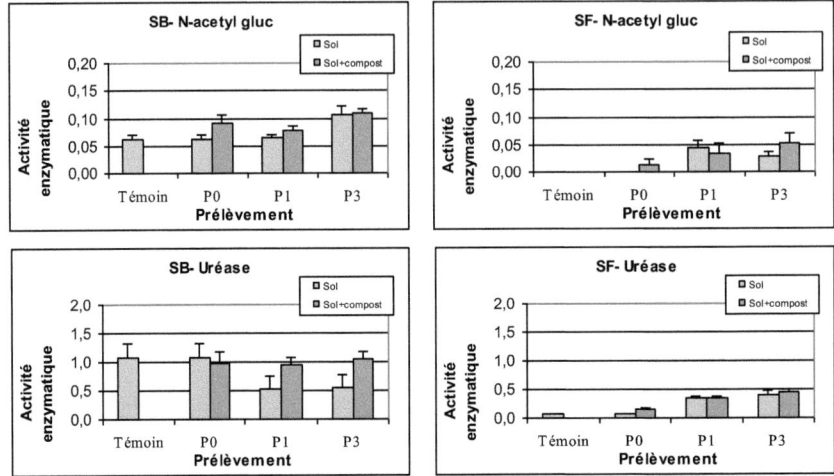

Figure 15-c : Évolution des activités N-acetyl glucosaminase et uréases après fertilisation

b. Uréases

L'effet du compost sur le sol riche testé n'apparaît que 1 mois et 3 mois après le traitement avec une augmentation significative de l'activité uréase dans les microcosmes traité, cette augmentation est de 84% dans le P1 et 94% dans le P3.

Le dosage des activités uréases des échantillons du sol pauvre montrent une nette augmentation au court du temps, ces activités sont significativement plus élevés dans les microcosmes avec compost par rapport aux témoins 24 heures (P0) et 3 mois (P3) après le mélange, alors qu'il n'existe pas de différence entre les prélèvements P1 avec ou sans compost.

4. Cycle du soufre

(Figure 15-d)

a. *Arylsulfatase*

Cette activité est beaucoup plus importante dans les échantillons de sol riche par rapport à ceux du sol pauvre. Pour ces derniers, on observe un effet significativement positif de l'ajout du compost sur activité arylsulfatase quel que soit le prélèvement avec des valeurs comprises entre 0,29 et 0,75 U/g de sol/min.

Pour le sol riche, malgré l'importance de cette activité avec des valeurs comprises entre 5,55 et 9,17U/g de sol/min, on n'observe qu'un léger effet positif du compost 24 heures et 3 mois après son ajout, alors qu'à 1 mois après le traitement, il n'y a pas de différence significative entre les sols traités et les témoins.

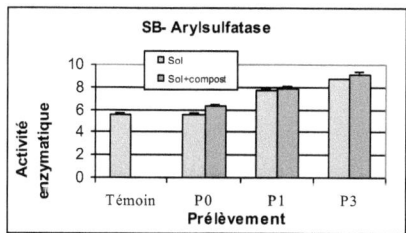
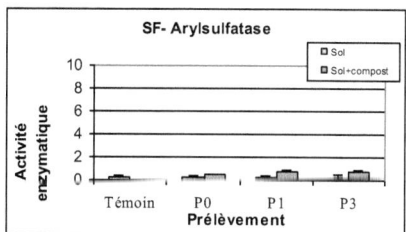

Figure 15-d : Évolution des activités arylsulfatase après l'ajout du compost

IV. Comparaison des potentialités fonctionnelles des sols B et F avec ou sans compost

Les valeurs des différentes activités enzymatiques au temps P1 ont été utilisées pour réaliser une analyse en composantes principales.

L'observation du cercle de corrélation (figure 16) montre que les variables définissent deux axes, le 1er axe explique 69,2% de la répartition et sépare les échantillons riches en activités hétérosidases (ß-glucosidase, N-acétyl glucosaminidase, Phosphatases, arylsulfatase) de ceux présentant des activités cellulases, le 2ème axe explique 22% de la répartition et distingue les échantillons avec des activités polysaccharidases (amylase, xylanase) de ceux qui n'en ont pas.

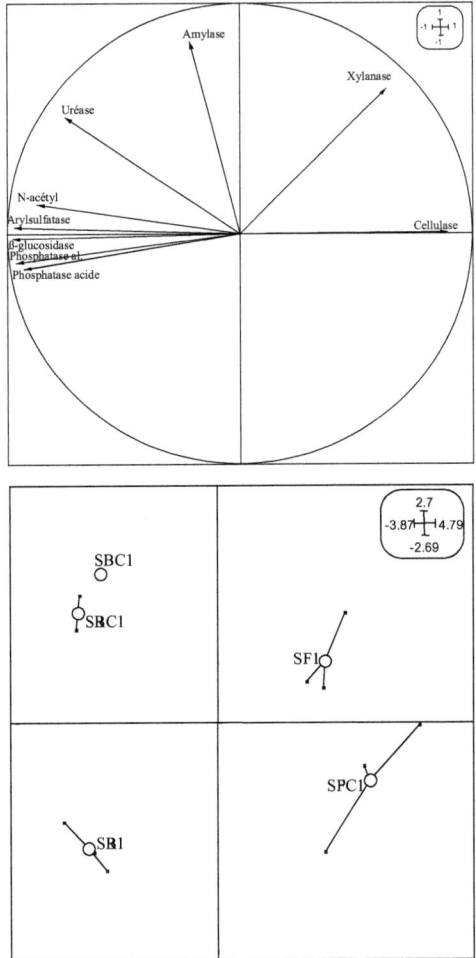

Figure 16 : ACP effectué sur les activités enzymatiques des deux sols

SB = sol B sans compost ; SBC = sol B avec compost ; SF : sol F sans compost, SFC : sol F avec compost.

Sur ces deux axes, nos échantillons se séparent nettement : Tout d'abord, les microcosmes de sol B avec ou sans compost se différencient de ceux contenant du sol A par des activités hétérosidases plus élevées. Le sol B avec compost se différencie du sol sans compost par des activités uréases et amylases importantes. La différenciation entre sol F avec compost et sans compost est moins nette, la présence d'activités xylanases dans le sol sans compost permet néanmoins de les séparer.

V. Diversité de la microflore fongique cultivable après l'ajout du compost

1. Diversité morphotypique de la flore cultivable

(Figure 17).

40 morphotypes ont été différenciés au cours de cette étude : 12 (S) communes aux sols B et F, 11 (SP) spécifiques de l'un ou l'autre des deux sols, 11 (C) spécifiques au compost dont 4 (SC) existent également dans le sol et 6 (N) dont on ignore l'origine.
Dans les microcosmes ayant reçu du compost et du sol B, on observe une communauté fongique mixte comportant à la fois des souches telluriques et des souches du compost. Cette communauté fongique évolue au cours du temps et ce sont toujours des souches majoritaires (S2, S4 et S8) qui se maintiennent en forte densité après la fertilisation, Alors que des souches rares du sol (S6, S9 et S10) ou de compost (C5 et SC1) disparaissent.
Si on retrouve la plupart des souches du compost et du sol dans les microcosmes, on peut noter que les proportions des différentes souches sont très différentes. Ainsi, les souches majoritaires du sol à savoir S4, S8 et dans une moindre mesure S2 sont en proportion plus faibles dans les milieux avec compost. Par contre, la souche C1 majoritaire du compost se retrouve en grande abondance.

Enfin, on peut constater, au cours du temps, une diminution sensible de la diversité fongique dans les microcosmes ayant reçu du compost : 21, 18 et 16 morphotypes dans respectivement P0, P1 et P3. Leur diversité reste cependant toujours supérieure à celle de leurs témoins respectifs.

Pour le sol F, les observations sont sensiblement différentes. L'analyse de la diversité montre que la communauté fongique observée dans les microcosmes ayant reçu du compost provient principalement du sol, seules quelques souches originaires du compost ont pu s'y maintenir. Cette communauté fongique n'est pas stable dans le temps, certaines souches majoritaires du sol deviennent moins abondantes ou même disparaissent.

En conclusion, il n'existe que peu de différences qualitatives des souches fongiques telluriques entre les prélèvements témoins et ceux avec compost.

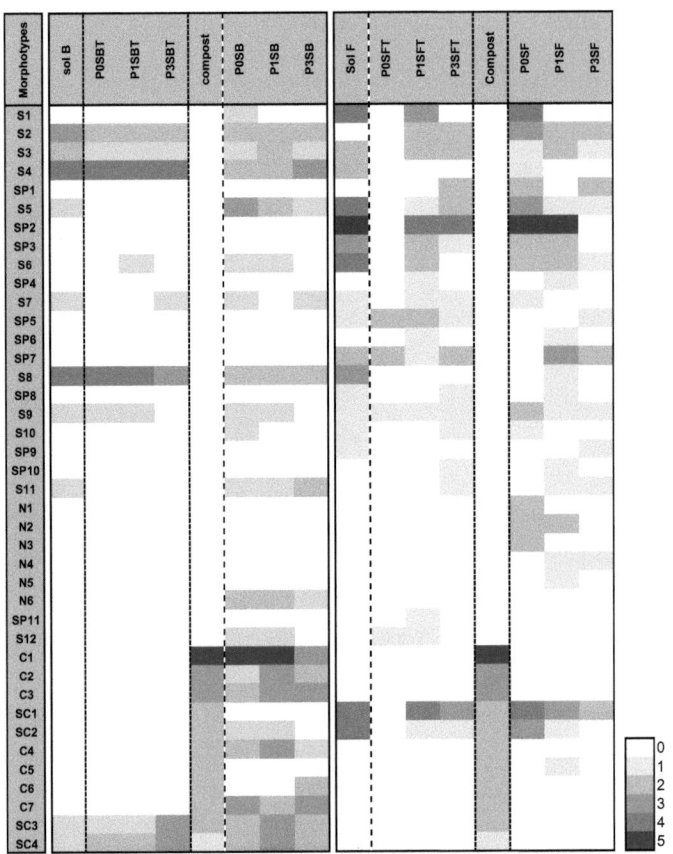

Figure 17 : Morphotypes fongiques identifiés

Ce tableau représente par un code couleur l'intensité de la présence des différents morphotypes sélectionnés. S1 à S12, SP1 à SP11 représentent les souches fongiques telluriques, C1 à C7, des souches originaires du compost, SC1 à SC4 sont des souches communes au sol et au compost alors on ne connaît pas l'origine des souches N1 à N6.

Ainsi, il semblerait que lorsque le sol est très pauvre en M.O., les souches fongiques originaires du compost ne peuvent pas s'installer alors que dans un sol plus riche (sol B), un certain équilibre s'installe au cours du temps entre les souches.

Afin de déterminer l'impact de la modification des communautés fongiques cultivables sur le fonctionnement biologique du sol B, nous avons fait une étude du métabolisme des souches C1, C2, C3 et C4 qui, originaires du compost, présentent un fort développement dans les microcosmes et des souches S4 et S8, majeures dans le sol sans compost et dont l'importance décroît lorsque l'on rajoute du compost.

2. Diversité métabolique des morphotypes

a. Test Api-zym

Les résultats sont donnés dans la figure 18. Dans le sol, les souches majeures S4 et S8 présentent des profils très différents, S4 ne dégrade pratiquement aucun substrat à l'exception de la leucine arylamidase et de la N-acétyl glucosaminidase indiquant des activités plutôt protéolytiques, à l'inverse la souche S8 est faiblement active sur l'ensemble des substrats testés. Les souches qui se développent dans les microcosmes avec compost, C1, C2, C3 et C4, recouvrent à elles quatre, la totalité des activités enzymatiques.

Morphotypes	Témoin	Phosphatase alcaline	Phosphatase acide	Naphtol-AS-BI-phosphohydrolase	N-acétyl-β-glucosaminidase	Estérase (C4)	Estérase lipase (C8)	Lipase (C14)	Leucine arylamidase	Valine arylamidase	Cystine arylamidase	Trypsine	α-chymotrypsine	α-galactosidase	β-galactosidase	β-glucuronidase	α-glucosidase	β-glucosidase	α-mannosidase	α-fucosidase
S4	T	5	5	5	4	4	0	0	5	0	0	0	0	0	0	0	0,5	0,5	1	0
S8	T	1	5	5	0	2	1	1	1	0	0	1	1	1	2	1	1	1	0	0
C1	T	5	4	4	1	2	0	0	1	0	0	0	0	0	4	0	0	2	1	0
C2	T	5	5	5	4	2	1	5	3	1	0	0	0,5	0,5	0,5	0,5	0,5	2	1
C3	T	5	3	2	1	2	1	0	5	0,5	0,5	0	0,5	1	1	1	0	1	0,5	0,5
C4	T	5	5	6	2	4	4	3	5	5	0,5	0,5	0,5	2	2	0	0	2	2	0

Non pris en compte dans les calculs car enzymes présentes dans tous les morphotypes

Figure 18 : Résultats des tests Api-Zym

Ainsi C2 dégrade tout sauf la chimotrypsine et la trypsine, C3 a le plus large spectre de dégradation mais avec de faibles capacités.es, C2 dégrade fortement les lipides et les protides alors que C1 ne présente que quelques activités sur des sucres simples.

Ainsi, il est clair que l'ajout de compost a permis une diversification des activités enzymatiques.

Les tests Api-Zym ne permettant de détecter que la dégradation de molécules simples, nous avons testé en culture les capacités de ces souches à dégrader des molécules complexes végétales.

b. *Capacités de souches fongiques à utiliser des macromolécules végétales pour leur croissance*

Seules les 3 souches majoritaires des microcosmes après ajout de compost, soit C1, C3 et C4, ont fait l'objet de cette étude (figure 19).

Aucune des 3 souches n'a pu utiliser la lignine comme seule source de carbone. La souche C1 qui ne dégradait que peu de substrat sur les galeries API-Zym, s'est révélée la souche qui présentait les plus fortes capacités de croissance sur les 4 autres substrats testés. La souche C3 s'est également bien développée sur cellulose, tanin et xylane, sa croissance sur amidon est par contre restée faible. La souche C4 qui était la plus active sur les molécules de faible poids moléculaire (cf. test API-Zym) n'a présenté qu'une faible croissance sur tanin et xylane.

Souches Substrat	C1	C4	C4
Amidon	+++	---	--+
Cellulose	+++	---	+++
Tanin	+++	++-	+++
Lignin	---	---	---
Xylane	-++	+--	+++

Figure 19 : Capacités de quelques souches fongiques à utiliser des macromolécules végétales pour leur croissance.

Un + correspond à une fiole où il y a eu croissance du champignon, un – où il n'y a pas eu de croissance. 3 réplicas ont été effectués pour chaque souche et chaque substrat.

VI. Diversité de la microflore bactérienne

Compte tenu des résultats des numérations bactériennes qui ne montraient que peu de différences entre les densités microbiennes des sols avec ou sans compost, nous avons effectué une analyse de la structure de ces communautés bactériennes par la technique de la PCR-DGGE.

1. Extraction et amplification d'ADN

L'extraction d'ADN a été réalisée directement à partir de nos échantillons, l'ADN extrait est ensuite amplifié par PCR, la taille et la pureté des produits PCR obtenus sont vérifiées sur gel d'agarose 2. Avant de faire migrer sur gel, les produits PCR sont quantifiés afin de déposer la même quantité d'ADN dans chaque puits et pouvoir comparer ensuite les profils électrophorétiques entre eux.

2. DGGE des expérimentations avec le sol B

Les meilleurs résultats ont été obtenus avec un gradient de dénaturation de 35 65% (figure 20). Les profils DGGE obtenus montrent la forte diversité de nos prélèvements avec plus de 25 bandes par échantillon. La comparaison des profils a été effectuée par une analyse UPGMA (figure 21) en tenant compte du nombre et de l'intensité des bandes. Le dendrogramme obtenu sépare d'une part le sol B des sols des microcosmes. Les microcosmes qui ont reçu du compost forment un cluster différent des autres microcosmes. On observe également pour les deux types de microcosmes un regroupement des échantillons de même âge. Ces analyses des communautés bactériennes indiquent donc clairement que la structure de la microflore tellurique est modifiée en présence de compost.

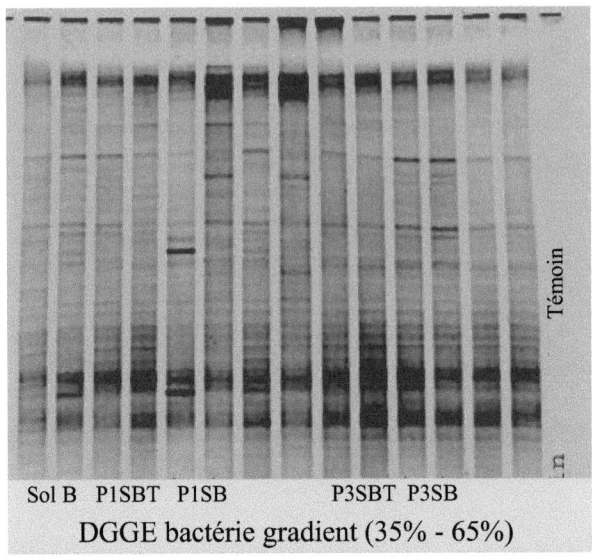

Figure 20 : Les profils bactériens du sol B et de deux prélèvements P1 et P3 avant et après fertilisation

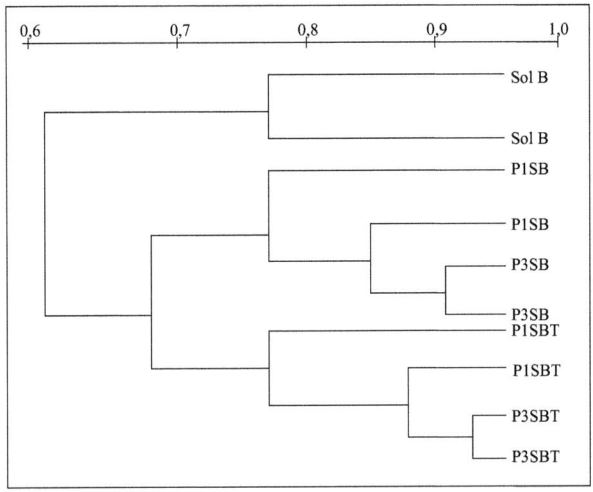

Figure 21 : Dendrogramme de similarité à partir du gel DGGE (fig. 20)

3. DGGE des expérimentations avec le sol F

Pour cette étude, on a réalisé une DGGE avec un gradient 30%-70% (figure 22). Sur le gel, les souches les plus importantes ont été numérotées de 1 à 12. Les prélèvements P1 et P3 montrent une plus grande diversité dans le sol amendés par le compost (P1SF et P3SF) par rapport aux témoins (P1SFT et P3SFT).

Les prélèvements P0 sont moins diversifiés que les P1 et P3 (5 souches dans les P0SF 11 dans les P1SF et P3SF). Certaines souches spécifiques au compost (1, 2, 8 et 9) absentes dans les sols témoins apparaissent après mélange avec le compost (SF) avec une densité très importante, d'autres souches spécifiques au sol (3, 4, 5, 6, 10 et 12) présentes dans le sol témoin (SFT) disparaissent après fertilisation dans les P0SF, puis réapparaissent à nouveau dans les prélèvements P1 et P3 avec et sans compost. La souche 7 absente dans les sols témoins et dans les prélèvements P0SF apparaît progressivement dans les P1SF puis avec une forte densité dans le P3SF.

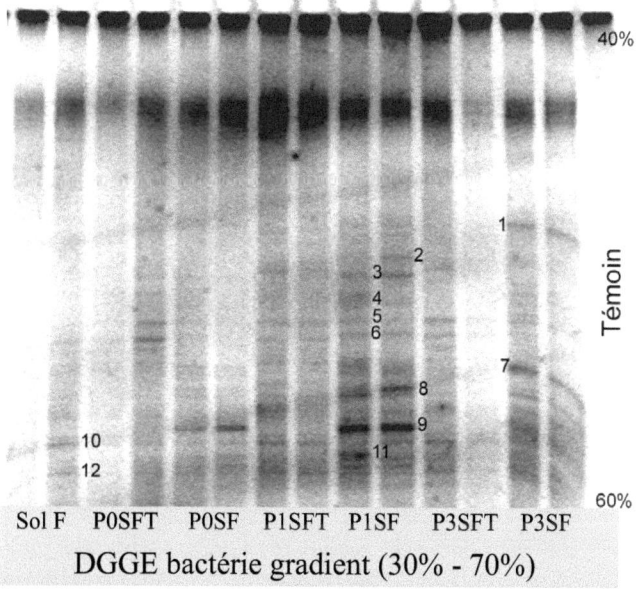

Figure 22 : Les profils bactériens du sol F et des trois prélèvements P0, P1 et P3 avant et après fertilisation

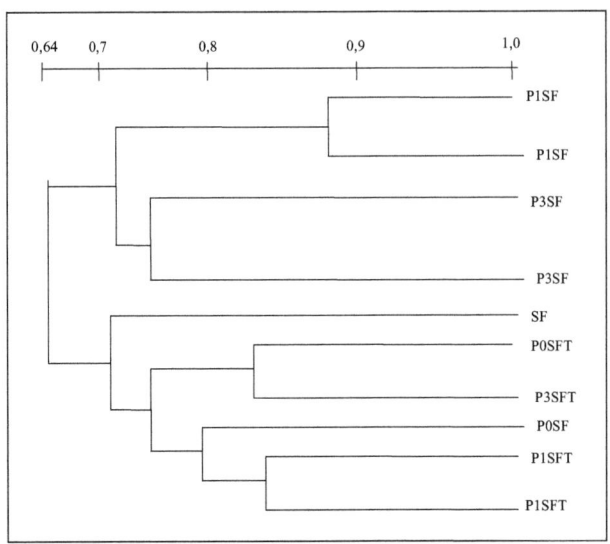

Figure 23 : Dendrogramme de similarité à partir du gel DGGE (fig. 22)

A partir de ce gel et en utilisant uniquement les lignes qui présentent une résolution suffisante, un dendrogramme de similarité (UPGMA) a été constitué (figure 23). Sur ce dendrogramme, les sols des microcosmes qui ont reçu du compost forment un cluster nettement séparé des autres microcosmes. Par ailleurs, le dendrogramme sépare également les microcosmes incubés pendant 1 mois avec le compost et ceux incubés 3 mois. Comme précédemment, une modification de la structure des communautés microbiennes telluriques est bien mise en évidence en présence de compost.

VII. Discussion

1. Evolution de la microflore tellurique en présence de compost

Les densités bactériennes moyennes des deux sols B et F sont respectivement de l'ordre de $3,58 \times 10^9$ et $2,4 \times 10^8$ UFC/g de sol, ces valeurs sont supérieures à celles cités dans la littérature par Cresswell et al. (1992) et Powlson et al. (2001) qui ont estimé que le sol contient entre 10^5 et 10^8 UFC /g sol sec. L'ajout du compost a provoqué une augmentation significative de la densité bactérienne quel que soit le type du sol, cette augmentation est plus importante dans le sol B que dans le sol F, elle est probablement due à une addition des populations bactériennes du compost à celles du sol. Ceci est en accord avec les observations de Garcia C. et al. (2000) et Ros et al. (2006) qui indiquent que l'ajout de compost augmente la biomasse microbienne, cette augmentation serait due à un accroissement de la disponibilité des nutriments dans les sols avec compost. 3 mois après le traitement, l'augmentation de la densité bactérienne est moins importante dans le sol B et elle n'est plus détectable dans le sol F, il y a donc sur le long terme un nouvel équilibre qui se crée.

Par ailleurs, dans les deux types de sol, aucune variation de la densité fongique n'a pu être mise en évidence lors de l'apport de compost dans les microcosmes. Ces résultats rejoignent ceux de Lovell et al. (1994) qui étudiant l'effet de l'apport de fertilisant au sol d'une prairie, notent que cet apport n'influe pas sur la densité fongique. Pérez-Piqueres et al. (2005) font la même observation sur deux types de sols fertilisés avec un compost de déchets verts.

2. Effet de l'ajout du compost sur l'activité biologique du sol

Les enzymes du sol sont principalement d'origine microbienne (Ladd., 1978), elles sont facilement mesurables et répondent rapidement à tout changement de gestion du sol (Dick 1994, Dick et al., 1996). Elles sont considérées comme des indicateurs potentiels de la qualité du sol car elles sont très liées à l'activité et l'abondance des microorganismes (Caldwell B.A., 2005).

Au cours de cette étude, neuf enzymes impliquées dans les cycles biogéochimiques du carbone, du phosphore, de l'azote et du soufre ont été testées.

La mesure des activités ß-glucosidases avant et après traitement du sol B a donné des valeurs comprises entre 3,20 et 4,45 µg de p-nitrophénol libéré/g sol sec/ min, ces valeurs sont nettement supérieures à celle trouvées par Melero et al. (2006) (1.83 µg de p-nitrophénol libéré/g sol sec/min) dans un sol traité avec un compost végétal ou Ajwa et al. (1999) dans un sol sableux (0,33 et 0,91 µg de p-nitrophénol libéré/g sol sec/min.). Ces valeurs sont également supérieures à celles que nous avons trouvées dans le sol F (entre 0,37 et 0,81 µg de p-nitrophénol libéré/g sol sec/ min). Bandick et al. (1999) ont montré que l'activité des ß-glucosidases était généralement plus élevée dans les sols de prairies et les pâturages que dans les sols cultivés. Cependant, quel que soit le type de sol et malgré une augmentation progressive au cours du temps, les activités ß-glucosidases sont plus élevées dans les microcosmes témoins que dans ceux ayant reçu du compost.

Concernant les activités polysaccharidases, les valeurs trouvées sont inférieures à celles données par d'autres auteurs. Ainsi, Stemmer et al. (1999), Kandeler et Eder (1993) ont mesuré respectivement des activités xylanases qui varient de 1,66 µg de sucres réducteurs libérés/g de sol sec/min dans les alpages et entre 30 et 50 µg de sucres réducteurs libérés/ g de sol sec/ min dans les sols prairiaux. Alors que nos valeurs sont comprises entre 0,08 et 0,96 µg de sucres réducteurs libérés/g de sol sec/min, ces valeurs sont plus faibles en fin d'expérimentation.

Le dosage des activités phosphatases acides dans le sol B a donné des valeurs comprises entre 1,41 et 7,18 µg de p-nitrophénol libéré/g sol sec/min, ces valeurs sont comparables à celles déterminées par Eivazi et Tabatabai (1976) qui se situaient entre 3,33 et 10,41 µg de p-nitrophénol libéré/g sol sec/min. Alors que les valeurs trouvées dans le sol F sont beaucoup moins élevées (entre 0,19 et 3,86 de p-nitrophénol libéré/g sol sec/min).

Les activités phosphatases alcalines, sont également faibles dans le sol F (0,74 µg de p-nitrophénol libéré/g sol sec/min dans le sol) alors que dans le sol B 6,63 µg de p-nitrophénol libéré/g sol sec/min dans le sol riche (alcalin), elles sont comparables à celles mesurées par d'autre auteurs sur des sols cultivés (Tabatabai, 1973 ; Tabatabai et Bremner, 1971) ou sur un sol traité avec du compost végétal (Melero et al., 2006). L'activité microbienne est donc nettement plus élevée dans le sol B par rapport au sol F ce qui est en accord avec les résultats de numération bactérienne.

Bien que globalement les phosphatases alcalines du sol F soient faibles, elles sont cependant significativement plus élevée en présence du compost quel que soit le prélèvement, ceci peut être expliqué par le pH du compost mature qui est de l'ordre de 9 ce qui aurait favorisé le développement de microorganismes alcalinophiles. Garcia-Gil et al. (2000) ont ainsi montré que l'activité des phosphatases était significativement inhibée dans les sols amendés avec de la matière organique, alors que Ros et al (2006) ont enregistrés une augmentation des activités phosphatase en présence du compost.

A l'exception du P0SB et P1SF, l'activité uréase est plus importante en présence de compost, cette augmentation est beaucoup plus marquée dans les P1SB et P3SB que dans les P1SF et P3SF. Au cours du temps, une perte de l'activité dans les microcosmes témoins du sol B a été observée alors que c'est l'inverse dans le sol F. L'activité uréase est en générale plus importante dans le sol B, les valeurs que nous avons obtenu varient de 0,07 à 0,45 µg de NH4+ libéré/ g de sol sec/ min dans le sol F, ces valeurs sont comparable à celles déterminées par Marschener et al. (2003) qui se situaient entre 0,2 à 0,25 µg de N libéré/ g de sol sec/ min dans un sol traité avec différents types d'amendements. Dans le sol B, des activités plus importantes ont été mesurées, elles sont situées entre 0,52 et 1,08 µg de N libéré/ g de sol sec/ min.

L'activité N-acetyl-glucosaminase qui intervient également dans le cycle de l'azote suit la même tendance que les uréases avec une augmentation de l'activité en présence du compost mais contrairement aux autres activités enzymatiques, les activités restent toujours très basses à la limite de la détection par nos méthodes.

L'arylsulfatase est la seule enzyme qui montre une activité plus importante après fertilisation quel que soit le type de sol, cette activité est beaucoup plus marquée dans le sol B que dans le sol F. Les valeurs obtenues dans le sol F (0,01 à 0,75 µg de p-nitrophénol libéré/g sol sec/min.), sont comparables à celles obtenues par Anick et Weil (1999) dans un sol traité avec différents types d'amendements organiques alors que les activités très élevées notées dans le sol B sont beaucoup plus importantes que celles signalées dans la littérature.

3. Effet de l'ajout du compost sur la diversité de la microflore

L'étude de la diversité morpho typique fongique a montré que dans les microcosmes fertilisés par du compost, les souches observées proviennent à la fois du sol et du compost dans le cas du sol B, alors qu'elles sont principalement telluriques dans le cas du sol F.
Certaines souches majoritaires du sol deviennent moins importantes, d'autres sont plus abondantes, mais ce sont principalement les souches du compost qui disparaissent au cours du temps ce qui se traduit à terme par une diminution de la diversité fongique.
Il semblerait donc que la plupart des souches fongiques originaires du compost ne soient pas capables de se maintenir au cours du temps dans le sol alors que, même si leur proportion relative varie, les souches telluriques se maintiennent dans les microcosmes avec compost. La communauté fongique tellurique serait donc stable et éliminerait peu à peu les souches concurrentes du compost pour revenir à une structure d'équilibre.

Les résultats des tests Api-Gym ont montré que les souches majoritaires du compost utilisent pour croître des substrats complexes différents mais leur regroupement dans le compost font qu'ensemble elle présente un large spectre de dégradation ce qui se traduit par de fortes potentialités de dégradation des composés complexes végétaux.

L'étude des communautés bactériennes par la technique DGGE a montré que l'ajout du compost provoque des modifications de la structure des communautés microbiennes du sol. Cette modification de la structure des communautés bactériennes est plus nette si on tient compte de l'intensité des bandes et non pas uniquement de leur présence : absence. Ceci peut être expliqué par un effet de concurrence entre la microflore du sol et celle introduite. Cette hypothèse est étayée par le fait que la diversité est toujours plus élevée dans les échantillons qui ont reçus du compost depuis 1 mois que dans ceux de 3 mois. Cependant certaines souches bactériennes comme les souches 8 et 9 du P1SF qui n'étaient pas dans les sols témoins peuvent apparaître et se maintenir au cours du temps. Il pourrait s'agir de souches à très grande capacité d'adaptation qui aurait résisté à la concurrence des souches telluriques.

Ces études moléculaires sont encore préliminaires et de nouvelles analyses avec identification des bandes d'intérêt sont actuellement en cours.

Conclusions et perspectives

I. Conclusions générales

Lors de ce travail, l'effet de l'ajout d'un compost vert sur la croissance de deux plantes a été clairement démontré. L'apport de ce fertilisant a considérablement favorisé les jeunes pousses du blé (APACHE) et de la véronique de Perse durant leurs premiers stades de développement, les plantes qui ont poussé en présence du compost sont en moyenne 3 fois plus développées que les témoins. Cet effet positif est observé également au niveau de leur apparence qui présente une couleur verte plus vive. En plus de son impact sur la croissance des plantes, la société Vert Compost qui commercialise ce produit, évoquait son efficacité dans la dépollution des sols, pourtant la comparaison de la composition organique et minérale de ce compost n'a pas montré de grandes différences avec d'autres compost commerciaux. C'est pourquoi, nous avons fait l'hypothèse que les propriétés originales de ce compost étaient dues à sa composante microbienne. L'évolution des communautés microbiennes au cours de la maturation du compost a donc été suivie puis l'interaction entre la microflore du sol et celle du compost mature a été étudiée.

Le suivi du pH, de l'humidité et des communautés microbiennes du compost lors de sa maturation a permis de constater que :

1- Le compost Vert-compost présente une augmentation sensible de son pH qui passe de 7 (neutre) dans les composts jeunes à plus de 9 (alcalin) dans le compost de 12 mois. Au contraire, le taux d'humidité relative baisse de plus de 20% entre le C1 et le C12.

2- La densité fongique diminue considérablement (plus de 50%) au cours du temps ce qui est corrélé à l'évolution du pH et de l'humidité au cours du compostage. Sur les cinq souches majoritaires isolées dans les composts jeunes, deux d'entre elles, *Penicillium bilaiae* et *Penicillium expansum* disparaissent complètement dans le compost mature alors que *Trichoderma sp.* se maintient mais avec un très faible pourcentage. Le compost mature est plutôt caractérisé par *Mortierella sp.* et *Aspergillus flavus* qui gagnent en abondance et par l'apparition de la souche *Aspergillus niger*. Ces trois souches sont connues pour leur forte activité protéase, ce qui donne au compost mature cette capacité de dégradation des protéines qui le différencie du compost jeune.

3- Les différents composts présentent des profils de leurs communautés bactériennes qui évoluent au cours du temps. Les communautés du compost C1 étant plus proches de celles du compost C5 que de celles du C12. La population bactérienne diminue également au cours de la maturation, mais il y a un enrichissement de celui-ci en souches bactériennes susceptibles de dégrader des composés polluants comme les plastiques, les pesticides et les hydrocarbures.

4- Les actinomycètes sont les seuls microorganismes qui gagnent en densité pendant la durée du compostage. Aucune des souches majoritaires n'est commune au compost jeune et au compost âgé. Les souches caractéristiques du compost âgé présentent des capacités d'hydrolyse des macromolécules végétales comme les tannins bien supérieures à celles des souches du compost jeune. Ces actinomycètes pourraient donc pallier en partie à la disparition des champignons hydrolytiques. Malheureusement, une étude plus complète de cette communauté n'a pas pu être réalisée en raison de graves problèmes de contaminations au laboratoire.

Afin de chercher l'impact de cette restructuration du compost sur la microflore tellurique, le compost a été mélangé en microcosme pendant trois mois à deux types de sol : un sol de prairie riche en matière organique (B) et un sol de forêt plus pauvre (F). Le suivi de la densité, de la diversité et de l'activité fonctionnelle de la microflore a permis de constater que :

5- Quel que soit le type du sol, l'ajout de compost permet d'augmenter la densité bactérienne mais seulement à court terme.

6- La densité de la microflore fongique n'est pas influencée par un apport de compost par contre il y a une profonde modification de la diversité et de la structure des communautés fongiques cultivables. Ce changement de diversité fongique s'accompagne de la sélection de nouvelles souches dont le métabolisme peut influer sur le fonctionnement biologique du sol.

7- Parmi les neuf activités enzymatiques testées, seule l'activité phosphatase est plus importante après mélange du compost avec le sol F, alors que, pour le sol B, les activités xylanase et arylsulfatase sont favorisées dans les microcosmes ayant reçu du compost. Les autres activités enzymatiques testées, soit ne subissent aucune modification, soit baissent en présence de compost.

8- L'ajout du compost au sol a favorisé la diversification des activités enzymatiques, certaines souches majoritaires dans les microcosmes avec compost se sont bien développées sur des substrats végétaux difficiles à dégrader comme l' la cellulose et les tannins, ce qui permettrait une meilleure dégradation de la matière organique.

II. Perspectives

Beaucoup de travaux ont déjà été réalisés à petite ou à grande échelle sur l'impact de différents types de compost sur le sol. En France, les études dans ce domaine portent souvent sur l'aspect physicochimique des composts et rares sont les travaux qui intègrent le côté biologique, pourtant la microflore reste le cœur de ce processus. Les résultats obtenus lors de cette recherche font émerger de nouvelles interrogations et réflexions.

Il serait par exemple intéressant de suivre en continu le compost pendant ses quatre phases en utilisant d'autres mesures physico-chimiques comme la température, la granulométrie et la quantité de matière organique. Ce suivi pourrait préciser les différentes étapes du compostage.

Parmi les techniques d'étude des communautés microbiennes, la PLFA (Analyse des acides gras) pourrait nous donner plus d'éléments sur la structuration bactérienne de nos échantillons.

Une recherche des activités enzymatiques impliquées dans la dégradation de composés aromatiques autre que les tanins devrait permettre de préciser les capacités dépolluantes de ce compost.

Les caractéristiques du sol et l'hétérogénéité de la population microbienne tellurique ainsi que les approches méthodologiques ne nous ont pas permis de déterminer l'impact du compost sur la l'activité microbienne du sol. La sélection par les techniques moléculaires d'autres souches caractéristiques des milieux avec compost et la détermination de leur rôle dans l'environnement devraient nous permettre de déterminer sur quel élément, favorisant la nutrition des plantes, le compost agit principalement.

Liste des figures

Figure 1 : Les quatre phases du compostage

Figure 2 : Effet de l'ajout du compost sur la croissance de la véronique de Perse

Figure 3 : Effet de l'ajout du compost sur la croissance du blé

Figure 4 : Evolution du pH au cours du compostage

Figure 5 : Evolution de l'humidité au cours du compostage

Figure 6 : Evolution de la densité microbienne en fonction de l'âge du compost

Figure 7 : Evolution du pourcentage des différents groupes microbiens au cours de la maturation du compost

Figure 8 : Comparaison entre les capacités fonctionnelles des champignons dans les composts C1 et C12

Figure 9 : Comparaison entre les capacités fonctionnelles des actinomycètes des composts jeune et mature

Figure 10 : Séparation des souches bactériennes par DGGE

Figure 11 : Dendrogramme de similarité à partir du gel DGGE (fig. 10)

Figure 12 : Dosage des activités enzymatiques du sol

Figure 13 : Numération bactérienne avant et après l'ajout du compost

Figure 14 : Numération fongique avant et après l'ajout du compost

Figure 15-a : Évolution des activités ß-glucosidase, amylase, cellulase et xylanase après l'ajout du compost

Figure 15-b : Évolution des activités phosphatases acides et alcaline après l'ajout du compost

Figure 15-c : Évolution des activités N-acetyl glucosaminase et uréases après fertilisation

Figure 15-d : Évolution des activités arylsulfatase après l'ajout du compost

Figure 16 : ACP effectué sur les activités enzymatiques des deux sols

Figure 17 : Morphotypes fongiques identifiés

Figure 18 : Résultats des tests Api-Zym

Figure 19 : Capacités de quelques souches fongiques à utiliser des macromolécules végétales pour leur croissance

Figure 20 : Les profils bactériens du sol B et de deux prélèvements P1 et P3 avant et après fertilisation

Figure 21 : Dendrogramme de similarité à partir du gel DGGE (fig. 20)

Figure 22 : Les profils bactériens du sol F et des trois prélèvements P0, P1 et P3 avant et après fertilisation

Figure 23 : Dendrogramme de similarité à partir du gel DGGE (fig. 22)

Liste des tableaux

Tableau 1 : Définition des classes de maturité des composts à partir de la proportion du carbone organique total des compost minéralisé après 108 jours d'incubation à 28°C

Tableau 2 : Caractéristiques des sols utilisés

Tableau 3 : Composition des pots

Tableau 4 : Cycles d'amplification PCR.

Tableau 5 : Les activités enzymatiques testées

Tableau 6 : Pourcentage des différents morphotypes fongiques dans les composts

Tableau 7 : Activités enzymatiques des souches fongiques majeures des 3 composts

Tableau 8 : Capacités des souches fongiques majeures des composts C1 et C12 à utiliser des macromolécules végétales pour leur croissance

Tableau 9 : Activités enzymatiques des souches actinomycètes majeures des composts jeune et mature

Tableau 10 : Vérification de la quantité d'ADN extrait (prélèvement P0)

Tableau 11 : Densités microbiennes des sols B et F

Tableau 12 : Activités enzymatiques des sols B et F

Liste des photos & schéma

Schéma 1 : Schéma de la plateforme Vert Compost et répartition des prélèvements

Photo 1 : Les différentes étapes de fabrication d'un compost vert

Photo 2 : Localisation des sites d'échantillonnage du sol

Photo 3 : Photo des microcosmes utilisés

Photo 4 : Effet du compost sur la croissance de la véronique de perse et du blé

Bibliographie

Ajwa H.A., Dell. C.J., Rice C.W. (1999). Changes in enzyme activities and microbial biomass of tallgrass prairies soil as related to burning and nitrogen fertilization. Soil biology & bioch. 31, 769-777.

Albiach R., Canet R., Pomares F., Ingelmo F. (2000). Microbial biomass content and enzymatic activities after the application of organic amendments to a horticultural soil. Bioresource Technology 75: 43-48.

Ambus P., Kure L. K., Jensen E. S. (2002) Gross N transformation rates after application of household compost or domestic sewage sludgeto agricultural soil. INRA, EDP Sciences Agronomie. 22, 723-730.

Aoshima M., Pedro M. S. (2001). "Analyses of microbial community within a composter operated using household garbage with special reference to the addition of soybean oil." Journal of Bioscience and Bioengineering 91(5), 456-461.

Balestra G.M., Misaghi I.J. (1997). Increasing the efficiency of the plate counting method for estimating bacterial diversity. Journal of Microbiological Methods 30: 111-117.

Bandick A.K., Dick R.P. (1999). Field management effects on soil enzyme activities. Soil Biology et Biochemistry 31: 1471-1479

Banerjee M.R., Burton, D.L., Depoe, S. (1997). Impact of sewage sludge application on soil biological characteristics. Agriculture, Ecosystems and Environment 66, 241-249.

Barzegar A.R., Yousefi A., Daryashenas A. (2002). The effect of addition of different amounts and types of organic materials on soil physical properties and yield of wheat. Plant soil 247: 295-301.

Beffa T., Blanc M., Marilley L., Lott Fischer J., Lyon P.F., Aragno M. (1996) Taxonomic and metabolic microbial diversity during composting. In The science of composting: part 1, Bertoldi M. deSequi, P.Lemmes, B.Papi, T. Eds. Blackie Academic and Professional, Glasgow (United Kingdom). 149-161.

Bhattacharyya P., Pal R., Chakraborty A., Chakrabarti K. (2001) Microbial Biomass and Activity in a Laterite Soil Amended with Municipal Solid Waste Compost. J. Agronomy & Crop Science 187, 207-211.

Blok W.J., Coenen T.C.M., Pijl A.S., Termorshuizen A.J. (2002). Disease suppression and microbial communities of potting mixes amended with biowaste compost. In: Michel, F.C., Rynk, R.F., Hoitink, H.A.J. (Eds.), Composting and Compost Utilization. Proceedings of the 2002 International Symposium, Columbus, Ohio, pp. 630–644.

Brady N.C., Weil R.R., (1999). Soil organic matter. In: the Nature and Properties of soils. Upper Saddle River, New Jersey, pp. 446-490.

Bresson L.M., Koch C., Le Bissonnais Y., Barriuso E., and Lecomte V. (2001). Soil surface structure stabilization by municipal waste compost application. Soil Sci Soc Am J 65 : 1804-1811.

Caldwell B.A. (2005). Enzyme activities as a component of soil biodiversity : a review. PedoBiologia 49: 637-644

Castaldi P., Garau G., Melis P. (2007). Maturity assessment of compost from municipal solid wast through the study of enzyme activities and water-soluble fractions. Wast Management, doi: 10.1016/j.wasman.2007.02.002.

Chen Y. (1992). Humic substances originating from rapidly decomposing organic matter: properties and effects on plant growth. In: N. Senesi (Editor), Humic Substances in the Global Environment and Implications in Human Health. Proc. 6th IHSS (International Humic Substances Society) Meeting, Monopoli (Bad), Italy, 20-25 September, pp. 77-78.

Convertini G., De Giorgio D., Ferri D., Giglio L., La Cava P., (1998). Muncipal soil waste application on a vertisol to sustain crop yields in southern Italy. Fresenius Environmental Bulletin 7, 490-497.

Convertini G., De Giorgio D., Ferri D., Giglio L., La Cava P., (1999). Sugar beet and durum wheat quality characteristics as affected by composted urban waste in : Anac, D.,

Martin-Prével (Eds.), Improved crop quality by Nutrient Management. Kluwer, Dordrecht, pp. 241-244.

Crecchio C., Curci M., Mininni, R., Ricciuti P., Ruggiero P. (2001). Short-term effects of municipal solid waste compost amendments on soil carbon and nitrogen content, some enzyme activities and genetic diversity. Biology and Fertility of soils 34, 311-318.

Crecchio C., Curci M., Pizzigallo M.D.R., Ricciuti P., Ruggiero P. (2004). Effects of municipal solid waste compost amendments on soil enzyme activities and bacterial gentic diversity. Soil Biol. & Bioch. 36 : 1595-1605.

Das K. and Keener H. M. (1997). Moisture effect on compaction and permeability in composts. Journal of environmental engineering, vol. 123. 3, 275-281.

De Bertoldi M. (1993). Compost quality and standard specifications: European perspective. In: Hoitink, A.J. (Ed.), Science and Engineering of Composting: Design, Environmental, Microbiological and Utilization Aspects. Renaissance Publications, Ohio, pp. 523–535.

De Bertoldi M., Vallini G. and Pera A., (1983). The biology of composting: a review. Waste Manage. Res. 1, 157-176.

Debosz, K., Petersen S. O. (2002). "Evaluating effects of sewage sludge and household compost on soil physical, chemical and microbiological properties." Applied Soil Ecology 19(3), 237-248.

Dick R.P. (1994). soil enzyme activities as indicators of soil quality. In: Doran, J.W., Coleman, D.C., Bezdicek, D.F., Stewart, B.A., (Eds.). Defining soil quality for a sustainable environment. Soil Science Society of America, Madison. 107-124.

Dick R.P., Breakwill D., Turco R., (1996). Soil enzyme activities and biodiversity measurements as integrating biological indicators. In: Doran, J.W., Jones, A.J. (Eds.), handbook of Methods for assesment of soil quality. Soil Science Society America, Madison, pp. 247-272

Diouf M., Brauman A., Miambi E., Rouland-Lefèvre C., (2005). Fungal communities of the foraging soil sheeting built by several fungus-growing termite species (Isoptera, Termitidae : Macrotermitinae) in a dry Savana (Thiès, Sénégal). Sociobiology vol. 45, No. 3.

Diouf M., Rouland C., Brauman A., Neyra M., ,(2002). Phylogenetic relationships in Termitomyces based on nucleotides sequences if ITS: A first approach to elucidate the evolutionary history of the symbiosis between fungus-growing termites and their fungi" Molecular phylogenetics and evolution, 22(3), 423-429. 3, 345.

Duplessis J. (2002). Le compostage facilité : guide sur le compostage domestique NOVA Envirocom 107p

Eivazi F. And Tabatabai M.A., (1976). Phosphatases in soils. Soil Biol. Biochem. Vol 9. pp167-172.

El Hanafi Sebti K. (2006). Compost tea effects on soil fertility and plant growth of organic tomato (Solanum Lycopersicum Mill) in comparison with different organic fertilizers. Master thesis, Organic farming, IAMB Mediterranean Agronomic Institute of Bari. Published in Collection Master of Science IAMB-CIHEAM (International Centre for advanced Mediterranean agronomic studies) no. 405.

Elfstrand S., Bath B., Martensson A. (2006). Influence of various forms of green manure amendment on soil microbial community composition, enzyme activity and nutrient levels in leek. Soil Biology and Biochemistry. 35, 453–461

Emmerling C., Schloter M., Hartmann A., Kandeler E. (2002). Functional diversity of soil organisms- a review of recent research activities in Germany. Jornal of Plante Nutrition and Soil Science. Vol. 165. 4, 408-420.

Feng L., Wang Y. (2004). "Enzymatic degradation behavior of comonomer compositionally fractionated bacterial poly(3-hydroxybutyrate-co-3-hydroxyvalerate)s by poly(3-hydroxyalkanoate) depolymerases isolated from Ralstonia pickettii T1 and Acidovorax sp. TP4." Polymer Degradation and Stability 84(1), 95-104.

Filcheva, E.G., and Tsadilas, C.D. (2002). Influence of clinoptilotite ans compost on soil properties. Comm Sci Plant Anal 33, 595-607.

Francou C. (2003). Stabilisation de la matière organique au cours du compostage de déchets urbains : Influence de la nature des déchets et du procédé de compostage - Recherche d'indicateurs pertinents Chemosphere 45, 417-425.

Franklin R.B., Mills A.L. (2003). Multi-scale variation in spatial heterogeneity for microbial community structure in an eastern Virginia agricultural field. FEMS Microb. Ecol. 44, 335-346.

Fuchs J. (2003). Le compost de qualité au service de la santé des plantes. Al.r Agri, 7, 61.

Garcia-Gil J.C., Plaza C., Soler-Rovira P., Polo A. (2000). Long-term effects of municipal solid waste compost application on soil enzyme activities and microbial biomass. Soil Biol. & Bioch. 32: 1907-1913

Gobat J.M., Aragno M., Matthey W. (1998) Le sol vivant. Bases de pédologie- biologie des sols, collection : gérer l'environnement (Presses polytechniques et universitaires romandes)

Gomez E., Ferreras L. (2006). "Soil bacterial functional diversity as influenced by organic amendment application." Bioresource Technology 97(13): 1484-1489.

Grundmann L.G., Gourbiere, F. (1999). A micro-sampling approach to improve the inventory of bacterial diversity in soil. Appl. Soil Ecol. 13, 123-126.

Hassen A., Belguith K. (2001). "Microbial characterization during composting of municipal solid waste." Bioresource Technology 80(3), 217-225.

Hauke, H. Stoeppler-Zimmer H., Gottschall R. (1996). Development of compost products. In: De Bertoldi, M., Sequi, P., Lemmes, B., Papi, T. (Eds.), The Science of Composting. Blackie Academic & Professional, London. 477–494.

Houot, S., D. Clergeot, J. Michelin, C. Francou, S. Bourgeois, G. Caria, & H. Ciesielski. (2002). Agronomic value and environmental impacts of urban composts used in agriculture. In Microbiology of Composting, eds. Insam H., Riddech N., & Klammer S., 616 p. 457-471.

Hill G.T., Mitkowski N.A., Aldrich-Wolfe, L., Emele L.R., Jurkonie D.D., Ficke A., Maldonado-Ramirez S., Lynch S.T., Nelson E.B. (2000). Methods for assessing the composition and diversity of soil microbial communities. Applied Soil Ecology 15, 25-36

Ishii K., Takii S. (2003) Comparison of microbial communities in four different composting processes as evaluated by denaturing gradient gel electrophoresis analysis. Journal of Applied Microbiology. 95, 109-119.

Jenkinson, D.S., Ladd, J.N. (1981). Microbial biomass in soil measurement and turnover. In: Paul, E.A., Ladd, J.N. (Eds.), Soil Biochemistry, vol. 5. Marcel Dekker, New York, pp. 415-471.

Kaiser, P. 1981. Analyse microbiologique des composts. *Rapport du colloque international: Composts,amendements humique et organiques,*43-71.

Kandeler E., Eder G. (1993). Effect of cattler slurry in grassland on microbial biomass and on activities of various enzymes. Biol. Fertil. Soils 16, 249-254.

Kandeler E, Kampichler C., Horak O. (1996). Influence of heavy metals on the functional diversity of soil microbial communities. Biol. Fertil soils 23: 299-306

Kirchmann, H., Widen P. (1994). Separately collected organic household wastes. *Swedish J.agric. Res.,* 24:3-12.

Kirk J.L, Beaudette L.A, Hart M., Moutoglis P., Klironomos J.N, Lee H., Trevors J.T. (2004). Methods of studying soil microbial diversity. Journal of Microbiological Methods. 58: 169-188

Kozdroj J., Van Elsas J. D. (2001). Structural diversity of microorganisms in chemically perturbed soil assessed by molecular and cytochemical approaches. Journal of Microbiological Methods 43(3), 197-212.

Larena I., Salazar O. (1999). Design of a primer for ribosomal DNA internal transcribed spacer with enhanced specificity for ascomycetes. Journal of Biotechnology 75(2-3): 187-194.

Leclerc B. (2001). Guide des matières organiques. eds Guide Technique de l'ITAB.

Lee J. J., Park R. D. (2004). Effect of food waste compost on microbial population, soil enzyme activity and lettuce growth. Bioresource Technology 93(1), 21-28.

Lovell R.D, Jarvis S.C., Bardgett R.D. (1994). Soil microbial biomass and activity in long-term grassland : effects of management changes. Soil Biol. Biochem. Vol. 27, 7, 969-975.

Mahishi L. H., Tripathi G. (2003). Poly(3-hydroxybutyrate) (PHB) synthesis by recombinant Escherichia coli harbouring Streptomyces aureofaciens PHB biosynthesis genes: Effect of various carbon and nitrogen sources. Microbiological Research 158(1), 19-27.

McCrady M.H. 1918 Tables for rapid interpretation of fermentation tube results. Can. Public Health J. 9, 201.

McGill, W.B., Cannon, K.R., Robertson, J.A., Cook, F.D. (1986). Dynamics of soil microbial biomass and water-soluble organic C in Breton L after 50 years of cropping to two rotations. J.Soil Sci. 66, 1-19.

Mannix S.P., Shin H., Masaru H., Rumiko S., Chie Y., Koichiro H., Masaharu I., and Yasuo I. (2001). Denaturing gradient gel Electrophoresis analyses of microbial community from fiel-scale composter. J Biosci. Bioenginer. 91, 159-165.

Mathur S.P., Owen G., Dinel H. and Schnitzer M. (1993). Determination of compost biomaturity. Biol Agric Hortic 10, 65-85.

Marschner P., Kandeler E., Marschner B. (2003). Structure and function of the soil microbial community in a long-term fertilizer experiment. Soil Biology and Biochemistry 35, 453–461.

Martens, D.A., Johanson, J.B., Frankenberger Jr, W.T. (1992). Production and persistance of soil enzymes with repeated addition of organic residues, Soil Sci. 153, 53-61.

Martin B.K. (2000). Les enjeux internationaux du compostage. (eds L'Harmattan), pp. 303

Melero S., Madejon E., Ruiz J. C., Herencia J. F. (2006). Chemical and biochemical properties of a clay soil under dryland agriculture system as affected by organic fertilization. European journal of agronomy. vol. 26. 3, 327-334

Muyzer G., Smalla K. (1998). "Application of denaturing gradient gel electrophoresis (DGGE) and temperature gradient gel electrophoresis (TGGE) in microbial ecology." Antonie van Leeuwenhoek 73(1), 127-141.

Nannipieri P., Sastre I., Landi L., Lobo M.C., Pietramellara G. (1995). Determination of extracellular neutral phosphomonoesterase activity in soil. Soil Biology & biochemistry vol. 28, No &, pp 107-112.

Nelson N. (1944) A photometric adaptation of Somogyi method for the determination of glucose. J. Biol. Biochem. 153, pp375-380.

Osburne M.S., Clardy J., Handelsman J., Goodman R.M. (2000). Cloning the soil metagenome: a strategy for accessing the genetic and functional diversity of uncultured microorganismes. Appl. Environ. Microbiol. 66, 2541-2547.

Ovreas L., Jensen S., Daaehange, F.L, Torsvik, V. (1998). Microbial community changes in a perturbed agricultural soil investigated by molecular and physiological approaches. Ppl. Environ. Microbiol. 64, 2739-2742.

Pace N.R. (1997). A molecular view of microbial diversity and the biosphere. Science. 276: 734-740.

Pascual J. A., Moreno J. L., Hernandez T., Garcia C. (2002). Persistence of immobilised and total urease and phosphatase activities in a soil amended with organic wastes. Bioresource technology. 82, 73-78.

Paul E. A. and Ladd J. N. (1981) Soil Biochemistry, vol. 5. Marcel Dekker, New York. pp 1-74

Pérez-Piqueres A., Edel-Hermann V., Alabouvette C., Steinberg C. (2005). Response of soil microbial communities ti compost amendments. Soil Biology & biochesmistry 38: 460-470.

Perruci P. (1990). Effect of the addition of municipal solid-waste compost on microbial biomass and enzyme activities in soil. Biol. Fertil. Soils 10, 221-226.

Perruci P., Giusquiani P.L. (1990). Influence of municipal waste compost addition on chemical properties and soil-phosphatase activity. Zentralbl. Microbiol. 145, 615-620.

Porteus L.A., Seidler R.J., Watrud L.S. (1997). An improved method for purifying DNA from soil for polymerase chain recation amplification and molecular ecolgy applications. Mol. Ecol. 6, 787-791.

Powlson D.S., Hirsch P.R., Brookes P.C. (2000). The role of soil organisms in soil organic matter conservation in the tropic. Nutrient cycling in Agrosystems 61, 41-51.

Reeson A. F., Jankovic T. (2003). Application of 16S rDNA-DGGE to examine the microbial ecology associated with a social wasp Vespula germanica. Insect Molecular Biology 12(1), 85-91.

Renella G., Landi L., Nannipieri P. (2002). Hydrolase activities during and after the chloroform fumigation of soil as affected by protease activitySoil Biology and Biochemistry, Vol. 34, 1, 51-60.

Rondon M.R., Goodman R.M., Handelsman J. (1999). The earth's bounty: assessing and accessing soil microbial diversity. Trends Biotech. 17, 403-409.

Rondon M.R., August P.R., Bettermann A.D., Brady S.F., Grossman T.H., Liles M.R., Loiacono K.A., Lynch B.A., MacNeil I.A, Minor C., Tiong C.L., Gilman M., Ros M., Klammer S., Knapp B., Aichberger K. And Insam H., (2006). Long-term effects of compost amendment of soil on functional and structural diversity and microbial activity. Soil Use and Management. British Society of soil Science.

Ros M., Pascual J. A., Garcia C., Hernandez M. T., Insam H. (2006). Hydrolase activities, microbial biomass and bacterial community in a soil after long-term amendment with different composts. Soil biology & biochemistry. vol. 38. 12, 3443-3452.

Ros M., Klammer S., Knapp B., Aichberger K. And Insam H., (2006). Long-term effects of compost amendment of soil on functional and structural diversity and microbial activity. Soil Use and Management. British Society of soil Science. Vol. 22. 2, 209-218.

Saison C., Degrange V., Olivier R., Millard P., Commeaux C., Montange D., Le Roux X. (2005). Alteration and resilience of the soil microbial community following compost amendment : effects of compost level and compost-borne microbial community.Env. Microbiology 8(2), 247-257.

Sannino F. and Gianfreda L. (2001) Pesticide influence on soil enzymatic activities Chemosphere, Vol. 45, Issues 4-5, pages 417-425

Semple K.T., Reid B.J., Fermor T.R. (2001). Impact of composting strategies on the treatment of soils contaminated with organic pollutants, Environmental Pollution, 112: 269-283.

Sidhu J., Gibbs R. A., Ho G. E., Unkovich I. (1999). Selection of Salmonella Typhimurium as an indicator for pathogen regrowth potential in composted biosolis. Letters in Applied Microbiology, 29:303-307.

Smars S., Beck-Friis B., Jonsson H., Kirchmann H. (2001). An advanced experimental composting reactor for systematic simulation studies. Journal of Agriculture and Engenering Res., 78, 4:415-422.

Somogyi M. (1945). Determination of blood sugar. Journal of Biology and Biochemestry. 160, 61-68.

Stamatiadis S., Werner M. (1999). Field assessment of soil quality as affected by compost and fertilizer application in a broccoli field (San Benito County, California). Applied Soil Ecology 12(3), 217-225.

Stemmer M., Gerzabek M.H., Kandeler E. (1999). Invertase and xylanase activity of bulk soil and particle-size fraction during maize straw decomposition. Soil Biol. Biochem. 31, 9-18.

Stentiford E. I. (1996). Diversity of composting systeme. In Science and Engineering of Composting, de Bertoldi et al., eds. Blackie Academic and Professionnal, Bologne. 95.

Tabacchioni S., Chiaini L., Bevivino A., Cantale C. And Dalmastri C. (2000). Bias caused by using different isolation media for assessing the genetic diversity of a natural mircobial population. Microbial ecology. 40: 169-176

Tabatabai M.A., (1994) Enzymes. In: **Weaver R.W., Augle S., Bottomly P.J., Bezdicek D., Smith S., Tabatabai A., Wollum A.** (Eds.), Methods of soil analysis. Part 2. Microbiological and biochemical properties, No. 5. Soil Science society of America, Madison, pp. 775-833.

Tabatabai M.A., and Bremner J.M. (1970). Arylsulfatase activity of soils. Proc. Soil Sci. Soc. Am. 34, 225-229.

Torsvik V., Daae F.L., Sandaa R.A., Oveeas L. (1998). Review article: novel techniques for analyzing microbial diversity in natural and perturbed environments. Journal of Biotechnology. 64: 53-62

Valdrighi M. M., Pera A., Agnolucci M., Frassinetti S., Lunardi D., Vallini G. (1996) Effects of compost-derived humic acids on vegetable biomass production and microbial growth within a plant (Cichorium intybus)-soil system : a comparative study. Agriculture, Ecosystems and Environment. 58, 133-144.

Valdrighi M.M., Pera A., Scatena S., Agnolucci M., Vallini, G. (1995). Effects of humic acids extracted from mined lignite or composted vegetable residues on plant growth and soil microbial populations. Compost Sci. Util., 3(1), 30-38.

Van Elsas, J.D., Frois, D.G., Keijzer, W.A., Smit E. (2000). Analysis of the dynamics of fungal communities in soil via fungal-specific PCR of DNA followed by denaturing gradient gel electrophoresis. Journal of Microbiobal Methods. 43: 133-151.

Veeken A., de Wilde V., Woelders H., Hamelers B. (2004) Advanced bioconversion of biowaste for production of a peat substitute and renewable energy. Bioresource Technology. 92, 121–131.

Veeken A., Hamelers H. (2002). Sources of Cd, Cu, Pb and Zn in biowaste. Sci. Total Environ. 300, 87–89.

Veeken A., Hamelers H. (2003). Assessment of heavy metal removal technologies for biowaste by physico-chemical fractionation. Environ. Technol. 24, 329–337.

Waksman S. A., Cordon T. C., Hulpoi N. (1939). Influence of temperature upon the microbiological. Soil Science. vol 2. 47-83.

Wang P., Changa C. M. (2004). Maturity indices for composted dairy and pig manures. Soil Biology and Biochemistry 36(5), 767-776.

Watabe M., Rao J. R. (2004). Identification of novel eubacteria from spent mushroom compost (SMC) waste by DNA sequence typing: ecological considerations of disposal on agricultural land. Waste Management 24(1), 81-86.

Wu L., Ma L. Q., Martinez G. A. (2000). Comparison of Methods for Evaluating Stability and Maturity of Biosolids Compost. Journal of Environment Quality Vol. 29. 424-429.

Zeman, C., D. Depken, and M. Rich. 2002. Research on how the composting process impacts greenhouse gas. Compost science and utilization. vol. 10. 1, 72-86.

Annexes

Liste des annexes

Annexe 1 : Fiche technique de la société Vert Compost

Annexe 2 : Fiche commerciale 1 du compost « Vert Compost »

Annexe 3 : Fiche commerciale 2 du compost « Vert Compost »

Annexe 4 : Fiche technique de la variété de blé tendre d'hiver APACHE

Annexe 5 : Technique de culture des champignons

Annexe 6 : Technique de culture des bactéries

Annexe 7 : Effet de l'ajout du compost sur le développement de deux plantes

        Mesure de l'humidité relative et du pH des composts C1, C5 et C12

Annexe 8 : Photo 5 : Morphotypes majeurs d'actinomycètes du compost C1

        Photo 6 : Morphotypes majeurs d'actinomycètes du compost C12

        Photo 7 : Dégradation des tanins par différentes souches d'actinomycètes

Annexe 9 : Numération bactérienne et fongique des sols B et F

Annexe 10 : Dosage des activités enzymatiques des sols B et F

Annexe 1

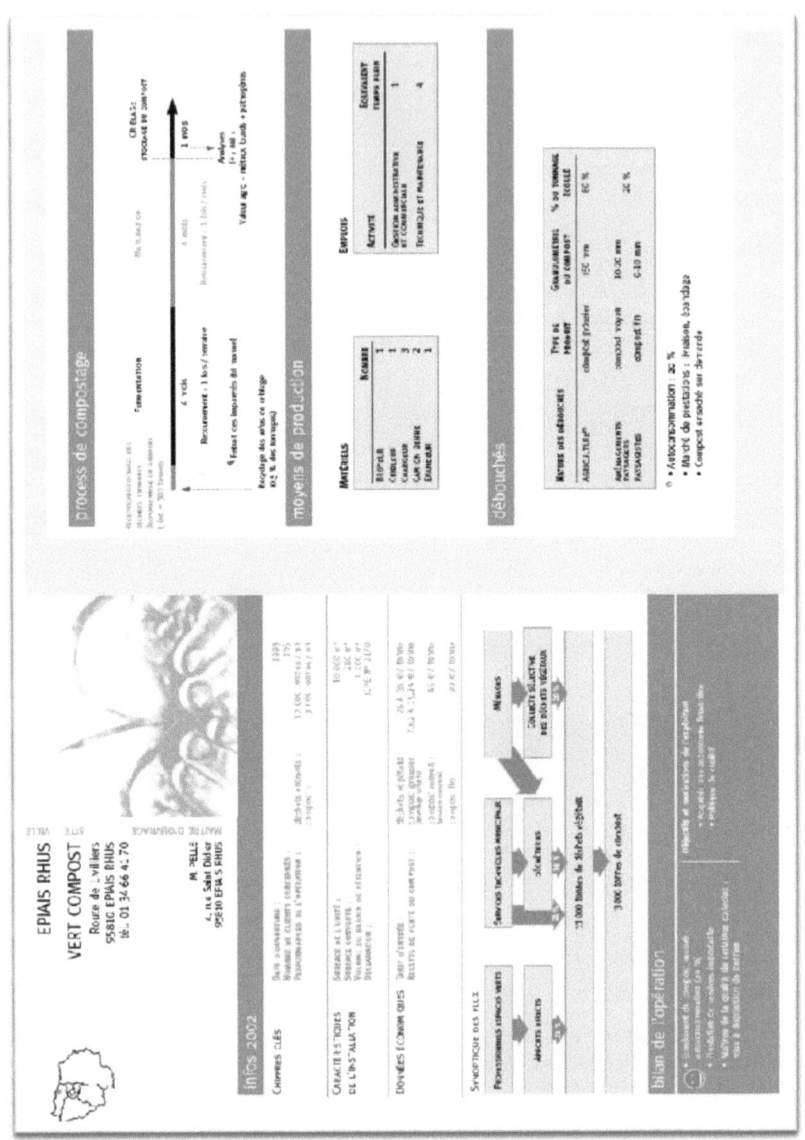

Fiche technique de la société Vert Compost

Source : http://www.ademe.fr/ile-de france/publications/epiais%20rhus.pdf

Annexe 2

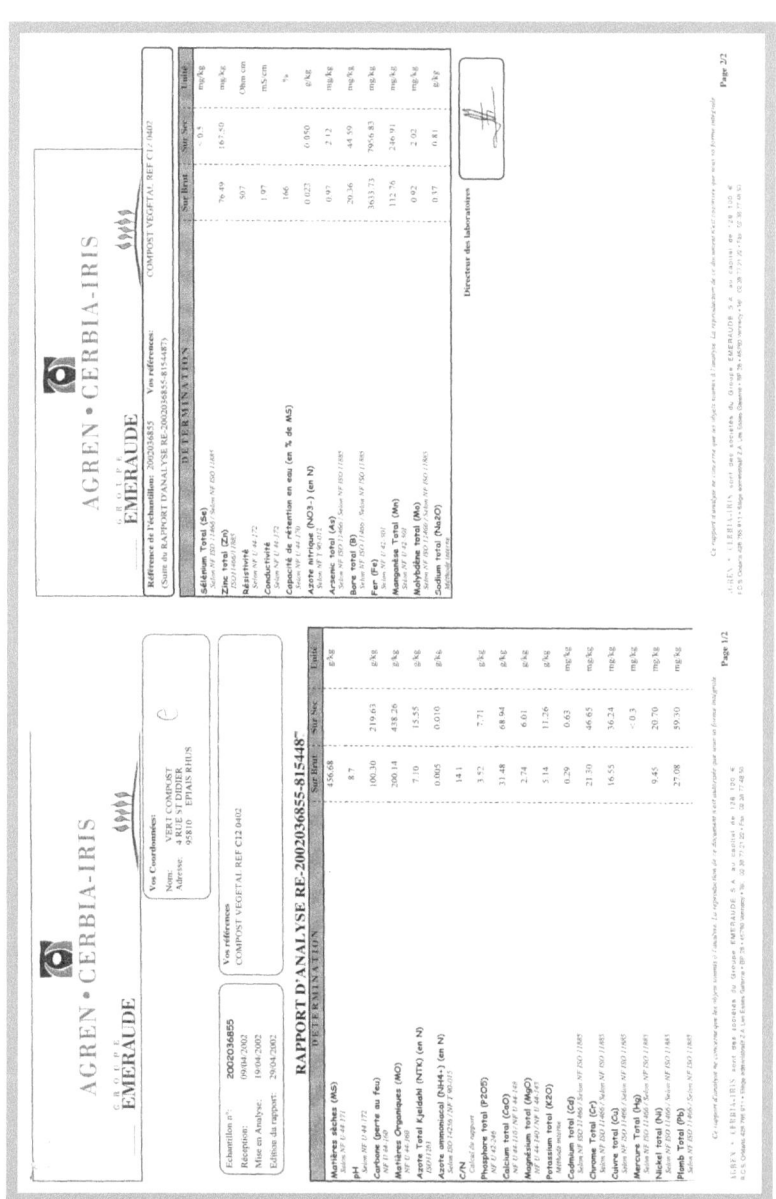

Fiche commerciale 1 du compost « Vert Compost »

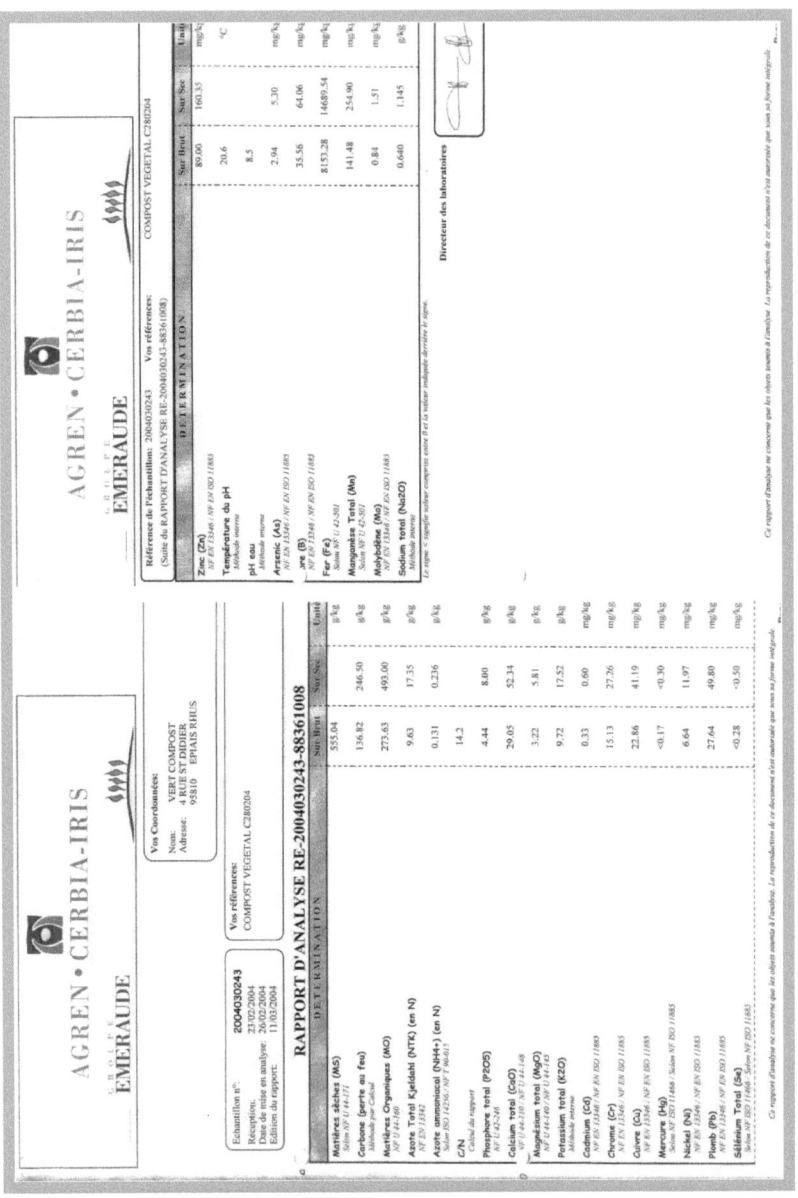

Fiche commerciale 2 du compost « Vert Compost »

Annexe 4

Culture et indications sur la variété

Type de variété	type peuplement	
Facteurs de rendement		
• Peuplement optimal épis/m^2	+ + +	très fort
• Nombre de grains/épi	+	moyen
• PMG	+ +	fort
Tallage	élevé	
Rendement grains		
• PER	+ + +	
• Extenso	+ +	
Culture Extenso	ne convient pas	
Epoque / densité de semis grains/m^2		
• précoce	250-300	
• optimale	350-400	
• tardive	400-450	
Semis tardifs	sous réserve	
Résistance à l'hiver	bonne	
Maturité	précoce	
Hauteur	courte	
Résistance à la verse	très bonne	
Risque de germination	moyen à faible	
Résistance aux maladies		
• Oïdium	+	
• Rouille brune	⌀	
• Septoriose feuilles	⌀	
• Septoriose épis	−	
• Septoria tritici		
• Fusariose	+	

Fumure azotée
→ *Règle générale:* La fumure N devrait être adaptée aux réserves du sol, à l'emplacement, au rendement visé et aux conditions météorologiques.
Type peuplement
La fumure N de départ doit absolument être adaptée au développement du peuplement ! Les types peuplement réagissent à une densité trop forte au début de la montaison par une réduction des épis inférieurs. Par un 3e apport, assurer la formation des graines dans l'étendard (PMG).
Régulateur de croissance (en culture intensive)
• Dosage   moyen

++++ excellente   +++ très bonne   ++ bonne   + moyenne à bonne   ⌀ moyenne   − moyenne à faible   − − faible   − − − très faible

<u>Fiche technique de la variété de blé tendre d'hiver APACHE</u>
Source : http://www.semences-ufa.ch/files/apache-08-f.pdf

Annexe 5

Dénombrement des microorganismes
(Champignons)

1- Préparation du milieu de culture (Sabouraud) :

- 10g de Peptone, 20g d'Agar et 40g de glucose dans 1000ml d'eau distillée.
  Ajouter 0,5g/l de chloramphénicol
  → Stérilisation par autoclavage.

2- Préparation de la solution physiologique :

- 9g de NaCl dans 1000ml d'eau distillée (eau physiologique).
  → Stérilisation par autoclavage.

3- solution dispersante :

- 6g de pyrophosphate + 1,2g de bactopeptone dans 1000ml d'eau distillée.
  → Stérilisation par autoclavage.

4- Répartition du milieu de culture dans les boites de Pétri et la solution physiologique dans des petits tubes stériles.

5- Préparation de l'inoculum :

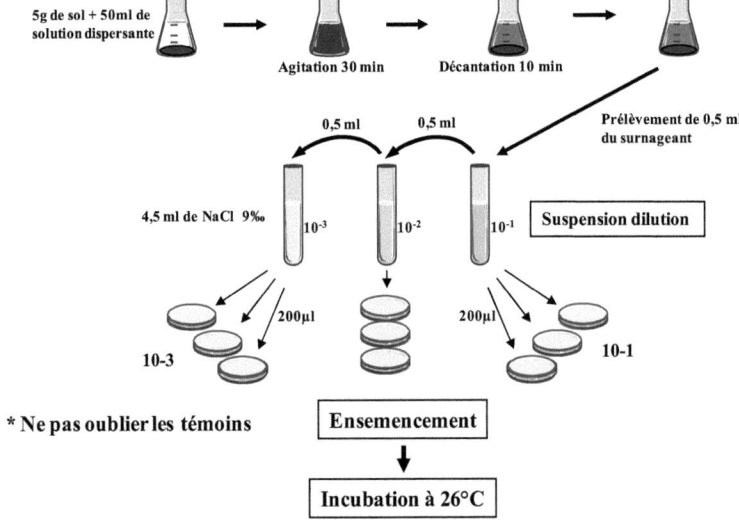

Technique de culture des champignons

Annexe 6

Dénombrement des microorganismes
(Bactéries)

1- Préparation du milieu de culture :
- 8g de Nutrient Broth (milieu riche non sélectif) dans 1000ml d'eau distillée.

2- Préparation de la solution physiologique :
- 9g de NaCl dans 1000ml d'eau distillée (eau physiologique).

3- solution dispersante :
- 6g de pyrophosphate + 1,2g de bactopeptone dans 1000ml d'eau distillée.

→ *Stérilisation par autoclavage des solutions 1, 2 et 3*

4- Solution antifongique:
40mg de nystatine dans 5ml d'eau distillée sont filtrés et rajouté dans un litre de bouillon de culture

→ Répartition du milieu de culture dans des grands tubes à essai stériles (9ml/tube).
→ Répartition de la solution physiologique dans des petits tubes stériles (4,5ml/tube).

5- Préparation de l'inoculum :

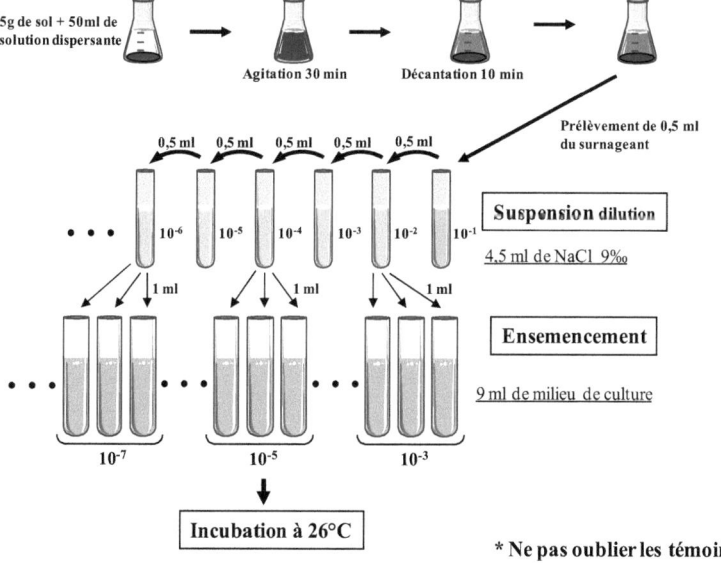

Technique de culture des bactéries

Annexe 7

Plantes	Pots	Partie aérienne		Racines		P. sec total (g)
		P. sec moy (g)	Ecat-type	P. sec moy (g)	Ecat-type	
Blé	Sol témoin	0,62	0,20	2,15	0,34	**2,77**
	Sol + compost	2,22	0,37	4,31	0,30	**6,53**
Véronique	Sol témoin	0,38	0,15	0,79	0,16	**1,17**
	Sol + compost	0,78	0,34	2,12	0,31	**2,90**

<u>Effet de l'ajout du compost sur le développement de deux plantes</u>

Humidité :
10g de compost (3 rép) sont mis à l'étuve à 120°C, puis deux mesures ont été éffectuées à 30h puis à 72h.

C1
C5
C12

C1 mois	Poid(g) initial	Poid(g) à 30h	Poid(g) à 72h	Humidité (%)	Moy (72h)	E,T	Moyenne	E T
1	10	3,5	3,5	65				
1	10	3,6	3,6	64	63,67	1,53		
1	10	3,8	3,8	62				
2	10	4	4	60				
2	10	3,5	3,5	65	62,00	2,65	62,22	1,35
2	10	3,9	3,9	61				
3	10	4,1	3,8	62				
3	10	4,3	4	60	61,00	1,00		
3	10	3,9	3,9	61				

C5 mois								
1	10	5	5	50				
1	10	5,1	5,1	49	49,33	0,58		
1	10	5,1	5,1	49				
2	10	5,4	5,5	45				
2	10	5,1	5	50	48,33	2,89	46,78	3,60
2	10	5	5	50				
3	10	5,9	5,9	41				
3	10	5,5	5,5	45	42,67	2,08		
3	10	5,9	5,8	42				

C12 mois								
1	10	5,8	5,8	42				
1	10	5,9	5,9	41	40,67	1,53		
1	10	6,1	6,1	39				
2	10	6	6	40				
2	10	6,1	6,1	39	39,67	0,58	40,11	0,51
2	10	6	6	40				
3	10	6,1	6,1	39				
3	10	5,9	5,9	41	40,00	1,00		
3	10	6	6	40				

PH
10g de compost sont mis dans 100ml d'H2O distillée (3rép), Agitation pendant 3h puis lecture de PH

	pH mesuré			pH moyen	
	1	2	3	Moyenne	E T
C1 mois	6,81	7,25	5,85	6,64	0,72
C5 Mois	7,39	7,86	7	7,42	0,43
C12 Mois	9,09	9,03	9,16	9,09	0,07

<u>Mesure de l'humidité relative et du pH des composts C1, C5 et C12</u>

Annexe 8

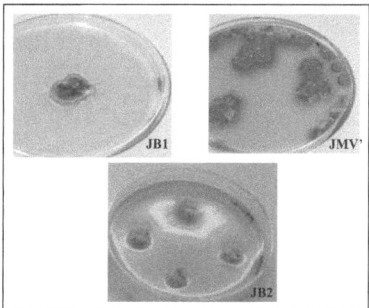

Photo 5 : Morphotypes majeurs d'actinomycètes du compost C1

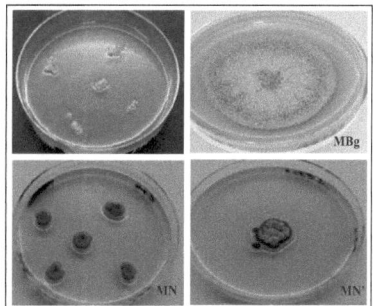

Photo 6 : Morphotypes majeurs d'actinomycètes du compost C12

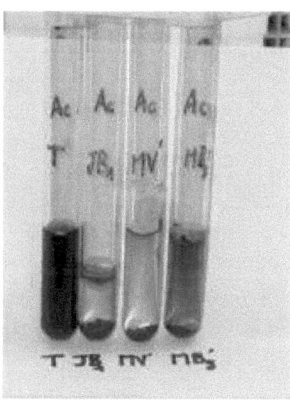

Photo 7 : Dégradation des tanins par différentes souches d'actinomycètes

Annexe 9

Sol	Prélèvement	Echantillon	Densité bact. (UFC/g sol)	Moy. Densité	log	Moy. log	Ecart type	Densité champ. (UFC/g sol)	Moy. Densité	log	Moy. log	Ecart type
Sol riche (B)	Témoin	TSB	2,50E+08	3,58E+09	8,40	9,25	0,76	6,50E+04	6,41E+04	4,81	4,80	0,08
			7,50E+09		9,88			7,50E+04		4,88		
			3,00E+09		9,48			5,22E+04		4,72		
	P0	P0SRT	2,50E+08	3,58E+09	8,40	9,25	0,76	1,03E+05	8,22E+04	5,01	4,90	0,16
			7,50E+09		9,88			9,17E+04		4,96		
			3,00E+09		9,48			5,17E+04		4,71		
		P0SB	6,65E+09	5,54E+10	9,82	10,31	0,75	1,16E+05	1,03E+05	5,06	5,01	0,07
			1,51E+11		11,18			8,67E+04		4,94		
			8,48E+09		9,93			1,07E+05		5,03		
	P1	P1SBT	2,50E+08	3,58E+09	8,40	9,25	0,76	9,33E+04	7,61E+04	4,97	4,88	0,08
			7,50E+09		9,88			6,50E+04		4,81		
			3,00E+09		9,48			7,00E+04		4,85		
		P1SB	5,20E+16	4,03E+16	16,72	16,10	1,17	1,08E+05	1,03E+05	5,03	5,01	0,06
			6,83E+16		16,83			1,14E+05		5,06		
			5,55E+14		14,74			8,72E+04		4,94		
	P3	P3SBT	1,15E+09	1,01E+11	9,06	10,00	1,29	7,67E+04	7,33E+04	4,88	4,85	0,13
			3,00E+09		9,48			9,17E+04		4,96		
			3,00E+11		11,48			5,17E+04		4,71		
		P3SB	1,05E+15	5,29E+14	15,02	14,51	0,61	1,02E+05	8,07E+04	5,01	4,90	0,10
			6,73E+13		13,83			6,56E+04		4,82		
			4,73E+14		14,68			7,50E+04		4,88		
Sol pauvre (F)	Témoin	TSF	6,00E+08	2,40E+08	8,78	8,10	0,60	7,78E+04	6,83E+04	4,89	4,83	0,08
			7,50E+07		7,88			5,44E+04		4,74		
			4,50E+07		7,65			7,28E+04		4,86		
	P0	P0SFT	4,50E+07	3,20E+07	7,65	7,49	0,15	1,17E+05	7,28E+04	5,07	4,83	0,21
			2,25E+07		7,35			4,83E+04		4,68		
			2,85E+07		7,45			5,33E+04		4,73		
		P0SF	9,00E+08	3,46E+09	8,95	9,20	0,67	3,17E+04	3,33E+04	4,50	4,52	0,04
			4,80E+08		8,68			3,67E+04		4,56		
			9,00E+09		9,95			3,17E+04		4,50		
	P1	P1SFT	2,85E+08	1,11E+09	8,45	8,73	0,63	1,00E+04	1,67E+04	4,00	4,18	0,22
			1,95E+08		8,29			2,67E+04		4,43		
			2,85E+08		9,45			1,33E+04		4,12		
		P1SF	3,45E+08	7,66E+10	8,54	9,85	1,42	1,33E+04	1,39E+04	4,12	4,14	0,08
			2,25E+11		11,35			1,17E+04		4,07		
			4,50E+09		9,65			1,67E+04		4,22		
	P3	P3SFT	1,20E+07	1,40E+07	7,08	7,10	0,24	1,17E+04	1,89E+04	4,07	4,26	0,17
			2,25E+07		7,35			2,33E+04		4,37		
			7,50E+06		6,88			2,17E+04		4,34		
		P3SF	7,50E+06	4,40E+07	6,88	7,46	0,54	2,17E+04	2,17E+04	4,34	4,33	0,03
			9,00E+07		7,95			2,33E+04		4,37		
			3,45E+07		7,54			2,00E+04		4,30		

<u>Numération bactérienne et fongique des sols B et F</u>

Annexe 10

Sol	Prél	Ech	β-glu Moy	β-glu ET	Amyl Moy	Amyl ET	Cell Moy	Cell ET	Xyl Moy	Xyl ET	ph ac Moy	ph ac ET	ph alc Moy	ph alc ET	N-ac-glu Moy	N-ac-glu ET	Uréase Moy	Uréase ET	Aryl Moy	Aryl ET
Sol riche	Témoin	TSR	3,42	0,15	0,13	0,07	0,10	0,08	0,18	0,11	2,04	0,45	3,68	0,74	0,06	0,01	1,08	0,25	5,55	0,12
Sol riche	Témoin		0,00	0,00	0,00	0,00	0,03	0,00	0,00	0,00	0,00	0,00	0,00	0,00	0,00	0,00	0,00	0,00	0,00	0,00
Sol riche	P0	P0SRT	3,42	0,15	0,13	0,07	0,10	0,08	0,18	0,11	2,04	0,22	3,68	0,74	0,06	0,01	1,08	0,25	5,55	0,12
Sol riche	P0	P0SR	3,20	0,18	0,22	0,07	0,18	0,04	0,19	0,05	1,67	0,61	3,61	0,53	0,09	0,01	0,98	0,19	6,30	0,21
Sol riche	P1	P1SRT	4,06	0,18	0,67	0,15	0,65	0,06	0,76	0,03	3,84	0,12	6,63	0,02	0,06	0,01	0,52	0,23	7,76	0,08
Sol riche	P1	P1SR	3,76	0,28	0,65	0,01	0,60	0,02	0,96	0,02	3,35	0,04	6,04	0,12	0,08	0,01	0,96	0,11	7,84	0,24
Sol riche	P3	P3SRT	4,45	0,42	0,20	0,01	0,01	0,01	0,15	0,01	7,18	0,09	1,34	0,04	0,11	0,02	0,55	0,23	8,69	0,08
Sol riche	P3	P3SR	4,38	0,10	0,40	0,07	0,07	0,04	0,38	0,04	6,76	0,01	0,00	0,00	0,11	0,01	1,06	0,11	9,17	0,24
Sol pauvre	Témoin	TSP	0,81	0,04	0,34	0,05	0,46	0,11	0,18	0,08	0,19	0,17	1,42	0,26	0,00	0,00	0,07	0,00	0,29	0,07
Sol pauvre	Témoin		0,00	0,00	0,00	0,00	0,00	0,00	0,00	0,00	0,00	0,00	0,00	0,00	0,00	0,00	0,00	0,00	0,00	0,00
Sol pauvre	P0	P0SPT	0,81	0,04	0,41	0,04	0,46	0,11	0,18	0,08	0,19	0,17	1,42	0,26	0,00	0,00	0,07	0,00	0,29	0,07
Sol pauvre	P0	P0SP	0,51	0,10	0,38	0,02	0,30	0,10	0,13	0,10	3,68	1,09	3,41	0,46	0,01	0,01	0,15	0,02	0,46	0,03
Sol pauvre	P1	P1SPT	0,63	0,03	0,41	0,05	0,19	0,06	0,37	0,08	0,95	0,84	0,74	0,32	0,04	0,01	0,35	0,02	0,22	0,11
Sol pauvre	P1	P1SP	0,43	0,03	0,11	0,06	0,37	0,08	0,44	0,14	1,05	1,06	1,39	0,65	0,03	0,02	0,35	0,03	0,75	0,12
Sol pauvre	P3	P3SPT	0,67	0,01	0,28	0,05	0,24	0,12	0,09	0,06	3,32	1,96	1,36	0,32	0,03	0,01	0,39	0,08	0,31	0,13
Sol pauvre	P3	P3SP	0,37	0,03	0,15	0,05	0,11	0,04	0,08	0,03	3,51	2,97	3,59	1,16	0,05	0,02	0,45	0,05	0,70	0,15

Dosage des activités enzymatiques des sols B et F

Oui, je veux morebooks!

i want morebooks!

Buy your books fast and straightforward online - at one of world's fastest growing online book stores! Environmentally sound due to Print-on-Demand technologies.

Buy your books online at
www.get-morebooks.com

Achetez vos livres en ligne, vite et bien, sur l'une des librairies en ligne les plus performantes au monde!
En protégeant nos ressources et notre environnement grâce à l'impression à la demande.

La librairie en ligne pour acheter plus vite
www.morebooks.fr

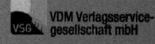

VDM Verlagsservicegesellschaft mbH
Heinrich-Böcking-Str. 6-8
D - 66121 Saarbrücken

Telefon: +49 681 3720 174
Telefax: +49 681 3720 1749

info@vdm-vsg.de
www.vdm-vsg.de

Printed by Books on Demand GmbH, Norderstedt / Germany